Arena-Taschenbuch
Band 2069

Jürgen Teichmann
hat Physik mit dem Nebenfach Astrophysik und dazu Geschichte studiert.
Er ist Direktor am Deutschen Museum, München, und Professor an der Ludwig-Maximilian-Universität München. Die große Ausstellung »Astronomie« im Deutschen Museum ist unter seiner Leitung aufgebaut worden.
Einige bekannte Bücher zur Geschichte der Physik und Astronomie stammen aus seiner Feder, darunter das Jugendbuch »Moment mal, Herr Galilei!« (zuerst im Arena Verlag erschienen) und das historische Sachbuch »Wandel des Weltbildes«.

Jürgen Teichmann

Das unendliche Reich der Sterne

Die faszinierende Welt der Astronomie
Mit Illustrationen von Christof Gießler

Arena

In neuer Rechtschreibung

1. Auflage 2000 als Originalausgabe im Arena-Taschenbuchprogramm

Umschlagillustration: Karl-Heinz Höllering
Innenillustrationen: Christof Gießler
Bildnachweis:
S. 29, 82, 83, 123, 126, 129: European Southern Observatory (ESO), Garching;
S. 101, 113, 157: Deutsches Museum, München; S. 73 links: Deutsches Museum, München (Christian Rüffler); S. 73 rechts, 132: Autor;
alle übrigen Graphiken Christof Gießler, München.
Gesamtherstellung: Westermann Druck Zwickau GmbH
ISSN 0518-4002
ISBN 3-401-02069-2

Inhalt

Kapitel 1

Entdeckungen am Himmel – Sternbilder, Doppelsterne, Rote Riesen und Nebel

Gleich eine Quizfrage am Anfang: Weißt du eigentlich, was man alles am Himmel sehen kann, einfach nur so durch Hinaufschauen – ohne jedes Fernrohr? Es muss allerdings zum fernen Weltall gehören, keine Wolken oder Vögel sind gemeint. Ja, Sterne natürlich, aber was noch? Bevor du die Antwort auf Seite 168 suchst, fällt dir sicher etwas ein:
Weißt du auch, wie viele Sterne du sehen kannst – wenn du sie alle am Nachthimmel einmal zählen würdest? Man kann sie wirklich zählen. Es wäre allerdings sehr langweilig und anstrengend: Bis 2500 oder 3000 müsste man zählen. Das hängt von der Augengüte ab. Wenn du sehr gute Augen – Adleraugen sozusagen – hast, wirst du mehr zählen als ein anderer. Denn dann siehst du auch ganz schwache noch und auch solche, die sehr dicht bei einem zweiten Stern stehen, so genannte Doppelsterne. Ein Freund mit nicht so scharfen Augen sieht dann statt dieses Doppelsterns nur einen einzigen.

Großer Wagen und Polarstern

Da habe ich gleich einen Test: Zwei Nachbarsterne im Sternbild Großer Wagen. Was ist der Große Wagen? Es ist einfach ein Kasten aus vier Sternen mit einer Deichsel aus drei Sternen daran. Zu vielen Sternen am Himmel hat man sich solche Bilder erdacht, dann konnte man sie leichter in dem Wirrwarr der vielen Lichtpünktchen wiedererkennen. Wenn du einen kleinen Stern über dem zweiten Deichselstern des Großen Wagens erkennst – man nennt ihn Alkor, das »Reiterchen« –, dann hast du ganz normale Augen. Wenn nicht, brauchst du unbedingt eine Brille. Und wie findet man am Himmel den Großen Wagen? Er ist immer zu sehen, wenn der Himmel klar ist, ob Frühjahr, Sommer, Herbst oder Winter. Und wenn nicht irgendein Hochhaus oder hoher Baum die Sicht auf den Nachthimmel versperrt. Seine Sterne sind nämlich sehr hell. Du musst dir das Bild hier aus dem Buch gut einprägen und einmal in die Runde schauen. Um die Nordrichtung herum wirst du den Großen Wagen leicht erkennen, vielleicht etwas mehr nach links oder rechts. Im Frühjahr steht er auch sehr hoch am Himmel. Norden ist einfach zu finden: entgegengesetzt zur Richtung, in der die Sonne am Mittag steht.

Der Große Wagen. Auf der Deichsel sitzt das »Reiterchen«. Wer erkennt es am Himmel?

Und wenn du den Großen Wagen gefunden hast, kannst du gleich noch mehr mit ihm anfangen. Halte mal einen Finger so weit oder so nah vor ein Auge, dass er genau zwischen die zwei Sterne der Wagenrückwand passt. Nun setze ihn von dort viermal übereinander. Dann kommst du genau zum Polarstern. Das ist ein heller Stern, der am Nordpol des Himmels steht. Jawohl, nicht nur die Erde hat einen Nordpol, sondern auch der Himmel. Und den können wir sogar viel leichter erreichen: mit vier Fingerbreiten über der Rückwand des Großen Wagens. Um diesen Polarstern dreht sich der ganze Sternenhimmel einmal in 24 Stunden – also in einem Tag und einer Nacht – herum. Nur der Polarstern bleibt immer dort, wo

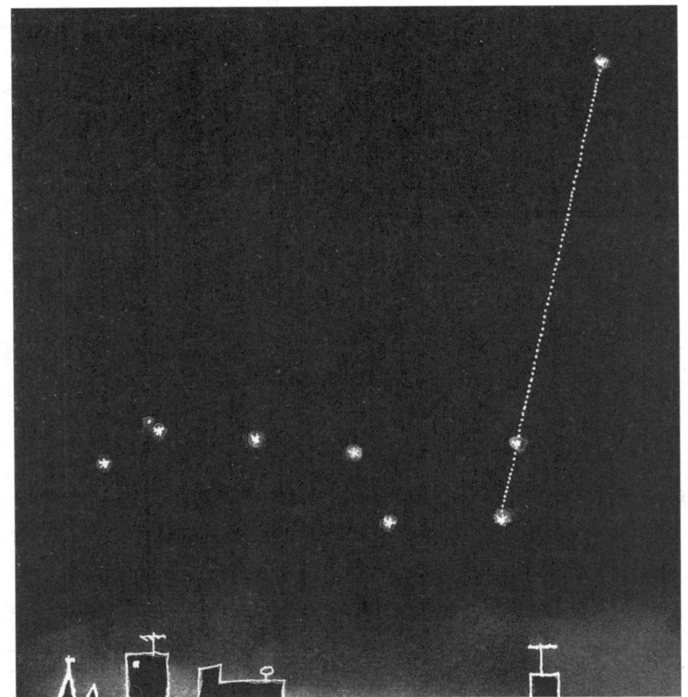

Von der Rückwand des Großen Wagens kommt man mit 4 »Fingerbreiten« zum Polarstern.

er ist. Eigentlich ist es nicht ganz genau der Polarstern, der stehen bleibt, sondern ein Himmelspunkt ganz nahe bei ihm. Aber den können wir nicht erkennen und der soll uns jetzt auch nicht kümmern. Alle anderen Sterne wandern am Himmel um den Polarstern herum. Nach zwei Stunden zum Beispiel sind sie schon woanders, als würden sie an langen Leinen um den Himmelsnordpol herumgeschwenkt werden.

Dreht sich der Sternenhimmel?

Heute weiß das schon jeder: Es ist gar nicht der Sternenhimmel, der sich um den Polarstern dreht, sondern die Erde dreht sich. Und wir drehen uns mit, weil wir auf der Erde stehen. Deshalb sehen wir die gleichen Sterne später in der Nacht an einer anderen Stelle des Himmels. Das ist wie auf einem Karussell. Es scheint uns manchmal, als ob die Umgebung um uns herum fliegt, obwohl wir selbst uns drehen. Beim Karussell geht das allerdings viel schneller.
Die Drehung des Sternenhimmels ist also eine Täuschung, aber das ist gar nicht so leicht zu beweisen. Jahrtausende lang haben die Menschen geglaubt, die Sterne wandern um uns herum und die Erde steht still und unerschütterlich in der Mitte des Weltalls. Die alten Griechen vor 2000 Jahren haben sogar eine richtig komplizierte Theorie daraus gemacht. Das hat alles wunderbar funktioniert, selbst bei der Bewegung der Planeten, bis Kopernikus im Jahre 1543 sagte: Alles falsch, die Erde dreht sich und nicht der Himmel. Und außerdem kreist sie noch einmal im Jahr um die Sonne herum. Aber wir wollen doch noch ein wenig bei den funkelnden Sternpünktchen bleiben. Wie Diamanten scheinen sie aufgesteckt auf ei-

ner unsichtbaren schwarzen Kugel um uns herum, die sich einmal pro Tag und Nacht dreht. Aber das mit der Drehung stimmt ja nicht, das macht die Erde. Sicher ist das mit den aufgesteckten Diamanten auch falsch!?
Wie weit sind eigentlich die Sterne von uns entfernt? Kreuze mal an: tausende Kilometer (sagen wir, wie von hier bis Amerika), Millionen, Milliarden, Billionen, Trillionen? Gleich werden wir mehr wissen. Aber zunächst müssen wir uns in dem ganzen Geflimmer doch etwas zurechtfinden. Das haben schon die Menschen vor vielen tausend Jahren gemacht, in der Steinzeit, dann später in China, Babylon, Ägypten. Wie macht man das? Da stehen ja leider keine Schilder am Himmel: hier Großer Wagen, hier Polarstern. Wir haben es schon erwähnt: Man erfindet Bilder oder Geschichten, die man dann am Himmel sofort »sieht«. Der Große Wagen wurde übrigens meist (als Hinterteil) in einen Großen Bären eingebaut, der aber mit seinen vielen schwach leuchtenden Sternen wirklich schwer zu erkennen ist.

Der Schwan und das Sommerdreieck

Ein wunderschönes Sternbild, aber nicht ganz so einfach zu sehen wie der Große Wagen, ist der Schwan. Es ist ein Sommersternbild und etwa ab Juni bis in den November hinein gut zu sehen. Im Winter und Frühjahr können wir den Schwan kaum finden. Aber schau im Sommer einfach mal möglichst senkrecht über Dich. Dann kannst du gut ein ganz großes »Sommerdreieck« aus drei hellen Sternen entdecken. Sie heißen: Deneb im Sternbild Schwan, Wega im Sternbild Leier, Atair im Sternbild Adler. Deneb klingt übrigens ein wenig wie »Döner Kebab« – hat aber nichts mit türkischem oder arabischem Essen zu tun. Doch der Name stammt wirklich aus der arabischen Sprache. Von den Arabern haben die christlichen Wissenschaftler früher viel gelernt. Eine ganze Anzahl Namen haben sie aber auch von den Griechen und Römern übernommen.

Vom Stern Deneb ausgehend kannst du nun leicht ein längliches Kreuz entdecken, wenn du drei weitere helle Sterne dazunimmst. Aber einfach nur Kreuz ist zu phantasielos. Deshalb hat man sich da einen stürzenden Schwan vorgestellt – und in seinem Gefieder sind natürlich noch eine ganze Anzahl anderer schwächerer Sterne versteckt. Wenn du übrigens willst, kannst du dir dazu ein eigenes Sternbild erfinden: z. B. eine Eistänzerin mit ausgestreckten Ar-

Viele Monate im Jahr leuchtet das „Sommerdreieck" aus 3 hellen Sternen hoch über unseren Köpfen: Deneb im Schwan, Wega in der Leier und Atair im Adler.

men. – So hat man sich in jeder Himmelsgegend ein Sternbild vorgestellt, und damit war alles viel leichter wieder zu erkennen.
Westlich neben dem Schwan gehört der helle Stern Wega unseres Sommerdreiecks zu dem eigenen Sternbild Leier: Das war ein wichtiges Zupfinstrument des Altertums. Aber du brauchst schon viel Phantasie, solch ein Instrument in den paar Sternen zu erkennen.
Ganz dicht neben Wega (in Richtung Deneb) gibt es einen besonderen Test für deine Augen: ein Sternpaar, recht schwach, das noch dreimal näher zusammensteht als der Deichselstern des Großen Wagen und Alkor, sein Reiterchen. Kannst du die zwei »Epsilon«-Sterne dicht neben Wega auseinander halten? Dann hast du sehr scharfe Augen (ich kann es nicht – selbst mit Brille).

Wie misst man die Entfernung der Sterne?

Übrigens gibt es im Sternbild Schwan auch einen Stern Nummer 61. Er hat also gar keinen eigenen Namen – man nennt ihn 61 Cygni, Cygnus heißt auf lateinisch Schwan; es ist also der 61. Stern im Sternbild Schwan. Er ist gerade noch mit bloßen Augen zu beobachten. Und obwohl er so unscheinbar leuchtet, ist er doch etwas ganz Besonderes. Er war der erste Stern, dessen Entfernung zu uns gemessen wurde. Das war vor mehr als 150 Jahren. Bis dahin wusste niemand, wie weit die Sterne wirklich entfernt waren. Allerdings, weil viele schon versucht hatten, so etwas zu messen, und trotz sehr guter Fernrohre und Instrumente scheiterten, war es klar: Die Sterne müssen mindestens Billionen Kilometer entfernt sein, wenn nicht noch weiter. Das ist schon unvorstellbar weit.

Wenn man ein Flugzeug mit einer Geschwindigkeit von tausend Kilometer pro Stunde so weit schicken würde, bräuchte es hunderttausende von Jahren!
Wie misst man solch eine Entfernung? Der deutsche Astronom Friedrich Wilhelm Bessel hat das im Jahr 1838 an dem Stern 61 im Schwan folgendermaßen gemacht, und so macht man das an nicht gar so fernen Sternen heute noch: Er beobachtete an einem Tag des Jahres, wo der Stern am Himmel stand, und dann erst wieder ein halbes Jahr später. Was war nach einem halben Jahr anders? Überlege mal: Die Erde dreht sich in Tag plus Nacht einmal um sich selbst. Und was macht sie in einem Jahr? Richtig, da wandert sie auf ihrer Bahn einmal um die Sonne herum. Nach einem halben Jahr ist sie also gerade auf der anderen Seite der Sonne. Und wie bei der Drehung der Erde im Laufe der Nacht sehen wir nun – allerdings nur nahe – Sterne an einer anderen Stelle des Himmels.
Dazu kannst du einen Versuch machen: Kneife mal das linke Auge zu und schaue nur durch das rechte auf einen nahen Gegenstand, z. B. auf deinen Finger, den du 30 cm vor das Gesicht hältst. Dann kneife das rechte Auge zu und schaue durch das linke. Der Finger scheint nun an eine andere Stelle zu springen (im Vergleich zum weiter entfernten Schrank oder Fernseher im Zimmer). Das Gleiche machte unser Stern Nr. 61 – er »sprang« am Himmel vor einem viel weiter entfernten Stern scheinbar an eine andere Stelle, wenn der Astronom Bessel ihn ein halbes Jahr später beobachtete. Aber die meisten Sterne sind sehr, sehr weit weg, sodass nichts springt, wenn ich ein halbes Jahr warte – genauso wie ein entfernter Baum, statt deines Fingers, bei deinem Experiment »linkes Auge, rechtes Auge« nicht ruckelt und wackelt. Schon wenn du deinen Finger weiter entfernt vor deine Augen hältst, springt er weniger herum.

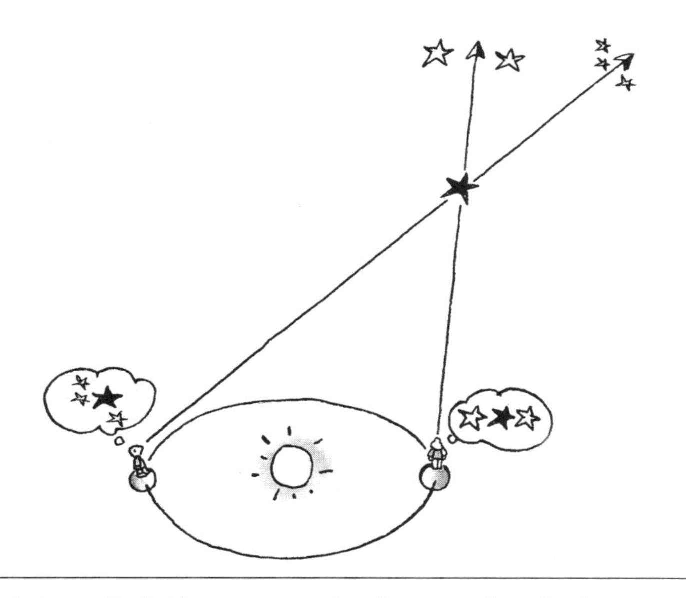

So misst man die Entfernung von nahen Sternen – das geht aber nur mit Profi-Teleskopen auf großen Sternwarten.

Bessel musste also mit Geschick und Glück einen Stern herausfinden, der näher als die vielen anderen war. Er maß nun, wo der Stern Nr. 61 im Winter 1837 war und wo er sich im Frühjahr 1838 befand. Das ergab nur einen irrsinnig kleinen Unterschied, sonst hätten das schon die Griechen oder andere vor Bessel herausgefunden. Du müsstest deinen Finger schon mehr als 20 km (!) vor dein Gesicht halten, dann »springt« er nur um dieses kleine Stück, wenn du dein rechtes und danach das linke Auge zukneifst. Das würdest du gar nicht merken. So genau aber konnten Astronomen schon vor 150 Jahren messen. Bei unserem Stern Nummer 61 kam jedenfalls heraus: Er ist etwa 100 Billionen km von uns entfernt.

Welches ist der nächste Stern?

Nr. 61 im Schwan ist schon viel näher zu uns als fast alle Sterne am Himmel – auch wenn 100 Billionen km so ungeheuer weit entfernt klingt. Der allernächste Stern heißt Alpha Centauri. Er ist der hellste Stern im Sternbild Centaurus – deshalb »Alpha«. Alpha ist der erste Buchstabe im griechischen Alphabet. Centauren waren griechische Sagengestalten, halb Pferd, halb Mensch. So etwas haben sich die Griechen also im Sternbild Centaurus vorgestellt. Alpha Centauri ist »nur« 40 Billionen km entfernt. Leider können wir ihn bei uns in Europa gar nicht sehen. Man muss schon auf die Südhälfte der Erde nach Australien oder Südafrika fahren. Dort strahlt er wirklich eindrucksvoll. Genau genommen ist er nur der zweitnächste – ein Begleitsternchen steht noch etwas näher und heißt deshalb Alpha Proxima Centauri – Proxima heißt auf Lateinisch der Nächste.

Auch die Wega ist noch ein Nachbar von uns – etwa 250 Billionen km entfernt. Wenn wir ihr »Hallo« mit unserer Taschenlampe zuknipsen (Tue das mal: du kannst ja eine Nachricht morsen, lang, lang, kurz, lang oder so ähnlich), dann braucht dieser Lichtstrahl, bis er auf dem Stern ankommt, etwa 26 Jahre! Jawohl, das Licht braucht solch lange Zeit. Obwohl wir doch glauben, dass wir, sobald wir eine Taschenlampe anknipsen, das Licht auch sofort in der anderen Zimmerecke sehen. Licht ist zwar das Allerschnellste, was es in der Welt gibt: Es saust in einer Sekunde 300 000 km weit, fast von hier bis zum Mond, in einem Jahr also schon mehr als neun Billionen km. Aber im Weltall ist alles noch viel weiter weg. Wenn dir dann ein ET (englisch *E*xtra*t*errestrial – also ein außerirdischer Astronaut) von der Wega antwortet und auch eine

Taschenlampe anknipst – falls es so etwas dort gibt –, wie alt bist du dann inzwischen geworden, bis dich diese ferne Nachricht wieder erreicht?[2]

Wir schauen in die Vergangenheit der Sterne

Ist dir nicht schon etwas sehr Seltsames aufgefallen? Alles Licht von einem fernen Stern braucht mindestens Jahre, bis es zu uns kommt. Wir sehen also unseren Stern Nummer 61 gar nicht jetzt leuchten, sondern so, wie er vor 11 Jahren leuchtete, und Wega so, wie sie vor 26 Jahren leuchtete. So lange war das Licht von diesen Sternen unterwegs zu uns. Wir schauen also mit jedem Blick in den Himmel in die Vergangenheit der Sterne zurück! So, wie wir sie jetzt sehen, strahlten die Sterne vor vielen Jahren. Und andere Sterne sind noch viel weiter entfernt von uns. Da gibt es Sterne, die sind so weit weg, dass das Licht 300 Jahre bis zu uns braucht oder noch viel mehr. Wir sehen sie also, wie sie vor 300 Jahren aussahen.

Wie findest du den Andromedanebel?

Weißt du, was der am weitesten entfernte Lichtschimmer ist, den du mit bloßem Auge am Himmel sehen kannst? Das ist der »Andromedanebel«. Er ist von August *(nach* etwa 22 Uhr abends) bis Januar *(vor* etwa 22 Uhr abends) gut zu sehen, aber nur wenn der Himmel ganz dunkel ist. In der Nähe der Lichter einer Stadt ist das z. B. sehr schwierig. Es ist ein nebeliges Fleckchen im Sternbild Andromeda. Du findest es, wenn du von unserer Wega in Gedanken losmarschierst, in einem Kreis um den Polarstern, aber nur drei große Schritte, den ersten Schritt von Wega zum Mittelstern des Schwans, dann noch einen Schritt und noch einen Schritt. Dann bist du beim Andromedanebel. Natürlich ist er gar kein Nebel, sondern ein ganzes eigenes Reich aus ungeheuer vielen Sternen. Das erkennt man erst in großen Fernrohren. Eine Galaxie heißt so etwas, und das Licht braucht über – rate mal . . .[3] Jahre bis zu uns. Das heißt, das Licht, das wir heute sehen, ist vor mehr als . . .[4] Jahren von diesem Andromedanebel ausgegangen. Damals hat es auf der Erde noch gar keine Menschen gegeben. Unsere ersten Vorfahren, die Affenmenschen, sind noch behaart – und ohne Fernrohr und Radio – herumgesprungen.

Was ist ein Lichtjahr?

Weil übrigens die Jahre, die das Licht bis zu uns braucht, so viel kleinere Zahlen sind als die Kilometer, gibt man die riesigen Entfernungen im Kosmos einfach in solchen »Lichtjahren« an: Der Stern 61 im Schwan ist also 11 Lichtjahre entfernt. 100 Billionen km geteilt durch 9 Billionen (die Strecke, die das Licht ungefähr für ein Jahr braucht) = 11. Bei Alpha Centauri macht das – das kannst du nun selbst ausrechnen – etwas mehr als 4 Lichtjahre.
Übrigens gibt es in der Ausstellung »Astronomie« im Deutschen Museum in München ein hübsches Computerspiel: Da kannst du dein Alter angeben und der Computer nennt dir einen Stern, der sein Licht gerade zum Zeitpunkt deiner Geburt ausgesandt hat.
Es gibt nun Sternenreiche, sprich Galaxien, die noch viel weiter

weg sind als der Andromedanebel. Von ihnen braucht das Licht Milliarden Jahre bis zu uns. Wir beobachten also jetzt im Fernrohr, wie sie vor Milliarden Jahren aussahen. Da ist unsere Erde gerade erst als Planet entstanden. Doch ehe wir uns in den Tiefen des Weltalls verlieren, wollen wir wieder zurück zu unserem Abendhimmel und seinen Sternen.

Der Jäger Orion

Außer dem Großen Wagen und dem Schwan möchte ich dir noch ein Sternbild besonders empfehlen. Es ist so leicht wie der Große Wagen zu finden. Für mich ist es das schönste überhaupt, schöner als alle Sternbilder, die sonst noch irgendwo am Himmel zu finden sind. Das ist der Jäger Orion. Er hat nur einen Nachteil: Man sieht ihn vor allem im Winter, wenn es draußen kalt ist. Es sei denn, du fährst nach Australien oder Südafrika. Da ist dann ja gerade Sommer. Dort steht er übrigens auf dem Kopf, denn am Himmel der Südhälfte unserer Erde zeigt sich ja vieles umgekehrt zu uns. Aber gar so bitter kalt muss es bei der Beobachtung des Orion nicht sein: Ab Ende Oktober, allerdings nicht vor 23 Uhr, tief im Osten, bis Mitte April, dann nur noch bis 21, 22 Uhr, tief im Westen, können wir den Orion finden. Am höchsten am Himmel und sofort in die Augen fallend siehst du ihn von Dezember bis etwa Mitte Februar. Sicher darfst du z. B. an Silvester, am 31. Dezember, lange aufbleiben. Dann schau mal um 22 oder 23 Uhr abends hoch gegen Süden – wo also die Sonne am Mittag stand: Da kannst du dann seine sieben leuchtenden Sterne sehen. Vier davon machen ein großes – etwas verbogenes – Viereck und eine Dreierreihe von Sternen steht in der Mitte davon, sagen wir wie drei Perlen auf einer Kette oder wie ein Fußballlibero mit linkem und rechtem Läufer. Der Winter hat ja doch einen Vorteil, wenn man Sterne beobachten will: Du musst nicht wie im Sommer so lange warten, bis es dunkel wird. Nun haben wir uns also schon ein eigenes »Sternbild« gemacht: Fußballspieler. Die Griechen haben sich etwas ganz anderes dazu gedacht (vor über 2000 Jahren gab es natürlich auch noch keinen Fußball) – mit viel Phantasie, das muss man schon zugeben. Sie stellten sich einen großen, gewaltigen Jäger am Himmel vor: Die oberen zwei Sterne gehören zu seinen Schultern, die unteren zwei zu seinen Beinen und die Dreierreihe, das ist sein Gürtel. Er hat eine riesige Keule in der Hand und ein Schwert am Gürtel baumeln.

Das Sternbild Orion strahlt ganz auffällig am Winterhimmel.

Das Schwert können wir am Himmel auch gut erkennen als ein paar nicht gar so helle Sterne, die vom »Gürtel« herabhängen.
Und der Orion hat sogar, wie es sich für einen Jäger gehört, einen Hund dabei. Von diesem Hund kannst du am leichtesten einen einzigen Stern am Himmel entdecken: ein ganzes Stück schräg links, das heißt östlich, unter dem Orion. Es ist der hellste Stern am Himmel überhaupt: der Sirius, viel, viel heller als die schwächsten Sterne, die du gerade noch erkennen kannst. Er ist uns übrigens auch sehr nahe, das Licht braucht nur 9 Jahre bis zur Erde. Um den Sirius selbst gibt es noch ein paar schwach leuchtende weitere Sterne, die bei uns schwer zu erkennen sind, weil sie meist nahe am helleren Horizont stehen. Aus all dem hat man also einen Hund erfunden. Na ja!
Als wen oder was könnten wir den Sirius in unserem Sternbild Fußballspieler vorschlagen? Vielleicht als Schiedsrichter. Wir haben jetzt übrigens eine Geschichte am Himmel erfunden, von Menschen, die Fußball spielen. So etwas Ähnliches haben auch die südamerikanischen Indianer vor vielen hundert Jahren getan. Jede Kultur hatte ja ihre eigenen Sternbilder. Die Indianer haben eine Art Krimi erfunden: Der Mittelstern unserer Dreierreihe sollte ein böser Dieb sein. Er ist gerade von zwei Polizisten gefangen genommen worden und wird nun vier Geiern, das sind die Sterne des Vierecks, zum Fraß vorgeworfen. So schauerlich konnten wohl Strafen damals sein.
Unser eindrucksvoller Jäger Orion hat sich übrigens nicht nur für Tiere interessiert, die er mit seiner Keule jagte, sondern auch für hübsche Mädchen, die er vielleicht zu Hirschbraten und Wein einladen wollte. Die gibt es auch am Himmel: Sie heißen Plejaden und stehen schräg, das heißt westlich, über ihm, ein ziemlich großes Stück entfernt und eng zusammengeschart. Etwa fünf bis sieben

Sterne kann man ohne Mühe mit bloßem Auge dicht beieinander erkennen. Man hat sie zu Schwestern erklärt und Siebengestirn genannt. Sie gleißen wirklich wunderschön, ein wenig bläulich. In Wirklichkeit sind es viel mehr als sieben. Schon bei ideal dunklem Himmel kann man neun erkennen. Im Fernrohr werden es über 100. Die Astronomen nennen das ganz unpoetisch einen »Sternhaufen«.

Das Sternbild Orion gibt es eigentlich gar nicht

Vielleicht willst du wissen, wie weit die Sterne des Orion, des Hundes und der Plejaden von uns entfernt sind? Keine Angst, ich will nicht wieder mit Zahlen um mich werfen. Aber etwas besonders Spannendes, eigentlich ganz Verständliches, ist schon daran: Sie sind alle sehr unterschiedlich weit entfernt von uns. Der Sirius ist nur neun »Lichtjahre« weg, die Beteigeuze, der linke Schulterstern des Orion, dagegen 300 Lichtjahre, die anderen liegen irgendwo dazwischen. Die Plejaden sind sogar mehr als 400 Lichtjahre entfernt. Das heißt aber, dieser Jäger Orion ist gar nicht wirklich an den Himmel »gemalt«. Die einzelnen Sterne seines Körpers sind in ganz verschiedenen Tiefen des Weltalls verteilt. Sie haben gar nichts miteinander zu tun, so wie in der Landschaft ein naher Baum, ein mittelweit entfernter und ein ganz, ganz ferner überhaupt nicht zusammengehören. Bei den Bäumen sehen wir das aber, weil sie immer kleiner erscheinen, je weiter sie weg sind. Bei den Sternen fällt das nicht auf.
Davon wussten die Griechen und die südamerikanischen Indianer natürlich noch nichts. Dass der Orion solch ein wunderschönes Viereck mit Gürtel und Schwert bildet, ist nur eine Täuschung,

weil wir zufällig auf unserer Erde leben und nur von dort aus den Himmel so sehen können. Würden wir mit einem Raumschiff mehrere hundert Lichtjahre von der Erde wegdüsen, würdest du ein ganz anderes Bild sehen, so wie die Bäume eines Waldes, wenn wir in ihm herumlaufen, sich ständig vor unseren Augen neu »anordnen«. Auf unserer Raumschiffreise, von der Seite gesehen, würde unser Orion so aussehen, wie du ihn hier in der Zeichnung findest.
Im Deutschen Museum ist solch ein Stück Weltall nachgebaut. Schaust du von vorn in diesen Guckkasten – das ist unser Erdblick –, erkennst du den Orion wunderschön. Schaust du quer dazu, von der Seite – mit Lichtjahrstiefeln um Erde und Orion herumgegangen –, siehst du ihn wie in unserer Zeichnung total verändert.
Übrigens gilt auch für manche Doppelsterne, die für uns sehr nahe beieinander stehen: Sie sind gar nicht benachbart. Das ist nur eine Täuschung. Der eine ist sehr nahe und der andere ist sehr weit weg von uns. Nur aus der Sicht unserer Erde scheinen sie Nachbarn zu sein.

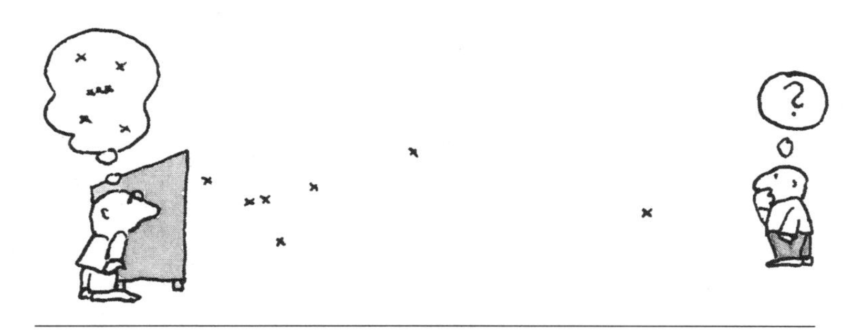

Das Sternbild Orion gibt es nur, weil man vom „Guckloch“ Erde auf den Himmel schaut. In Wirklichkeit stehen die Sterne weit zerstreut im Weltall.

Rote und blaue Riesensterne

Der Orion bleibt natürlich das schönste Sternbild des Himmels. Auch, weil es noch mehr Erstaunliches an ihm zu entdecken gibt, und das immer noch ohne Fernglas oder Fernrohr. Schau dir mal alle sieben Sterne genau an: Welches sind die hellsten? Leuchten sie alle weiß funkelnd oder haben sie – wenigstens ein bisschen – unterschiedliche Farben? Die erste Antwort ist einfach: Die zwei hellsten sind Beteigeuze, der linke Schulterstern, und Rigel, der rechte Beinstern. Das sind übrigens auch arabische Namen. Und die zweite Antwort: Wenn du beide genauer anschaust, wirst du sicher entdecken, Beteigeuze leuchtet ein wenig rötlich, gar nicht so weiß wie etwa die drei Gürtelsterne. Etwas schwieriger zu sehen, aber doch noch eindeutig ist: Rigel leuchtet ein ganz klein wenig bläulicher als alle anderen.

Warum haben Sterne verschiedene Farben? Unsere Sonne, der uns nächste Stern, ist doch eindeutig weiß, na, eigentlich goldgelb, vielleicht wie Weißgold! Wir wissen heute, dass Beteigeuze ein riesiger alter Stern ist, ein »Roter Überriese«, sagt man. Und Rigel ist ein noch nicht so alter »Blauer Überriese«. Beteigeuze ist mehrere hundert Mal größer als unsere Sonne, so groß, dass unsere Erde mit Erdbahn von ihr verschluckt würde, wenn uns ein Zauberer plötzlich um den Stern Beteigeuze kreisen ließe. Rigel ist nicht ganz so groß, dafür viel heißer und deshalb sehr hell.

Der Orionnebel

Bleiben wir noch bei dem, was wir mit unseren bloßen Augen sehen können. Im Schwert des Jägers Orion kann man ein kleines leuchtendes Fleckchen entdecken – schwer, das heißt überhaupt nur, wenn der Himmel sehr klar und dunkel ist –, am leichtesten also außerhalb der Städte und ohne Vollmond am Himmel. Sonst sieht es nur wie ein etwas breiterer Stern aus. Besser zu sehen ist es mit einem Fernglas mit großen Linsen von etwa 5 cm Durchmesser. Dieses Fleckchen heißt Orionnebel. Das ist nun kein Sternenreich wie der Andromedanebel, sondern ein wirklicher Nebel aus Gas und Staub. Nur hatte man früher, bevor man große Fernrohre besaß und das Sternenlicht zerlegen und untersuchen konnte, so etwas nicht unterscheiden können. Deshalb hießen alle Himmelsflecken Nebel. Im Orionnebel nun werden junge Sterne geboren und entwickelt. Er ist so etwas wie eine Kinderstube am Himmel.

Es gibt auch Weiße Zwerge

Noch etwas ganz Besonderes gibt es um dieses Sternbild Orion. Leider können wir das nicht mit bloßen Augen sehen – das geht nur mit großen Fernrohren: Der Sirius, der Hundestern, ist gar nicht allein, sondern hat einen ganz kleinen Begleitstern. Der steht wirklich in seiner Nähe, man sagt, beide sind echte Doppelsterne. Dieser Begleiter heißt Sirius B und ist schon miniklein: Sirius selbst ist etwa so groß wie unsere Sonne, eine Gaskugel von rund 1 Million km Durchmesser. Der Begleiter ist sage und schreibe nur so groß wie unsere Erde – kennst du ihren Durchmesser? Rate mal: . . .[5] km. Doch Sirius B ist kein Planet, sondern eine Sonne, nur eben hundertmal kleiner. Das heißt, er ist so klein im Vergleich zum hellen Sirius wie ein Käfer im Vergleich zu dir, ein Zwergstern sozusagen, der aber sehr weiß leuchtet. Man nennt solch einen Stern – es ist eigentlich ein schon toter Stern, der nur noch wie ein erloschener Ofen ohne Brennstoff ausglüht – »Weißer Zwerg«.

Die Milchstraße – ein silbernes Band

Bevor ich euch solche Weißen Zwerge, Rote Riesen und andere Monstersterne im Weltall genauer beschreibe, wollen wir noch anderes am Himmel entdecken. Von der Milchstraße habt ihr sicher schon mal gehört – oder noch nicht? Unser Sternbild Schwan z. B. scheint auf einem silbernen Band zu schweben, das sich um ihn herum und weiter weg über den Himmel zieht, unterschiedlich schmal und manchmal auch etwas breiter. Auch seitlich des roten Riesensterns Beteigeuze im Sternbild Orion zieht dieses Band vorbei.
Quizfrage: Ist die Milchstraße erstens ein langes Nebelband im Weltall oder zweitens der Kondensstreifen eines Raumschiffs oder drittens ein Sternenreich wie der Andromedanebel? . . .[6]
Allerdings ist von dieser »Milchstraße« am dunstigen Himmel einer Stadt mit dem vielen elektrischen Licht, das zum Firmament hinaufstrahlt, gar nichts mehr zu sehen. Am schönsten leuchtet die Milchstraße in absoluter Dunkelheit, irgendwo auf dem Land oder am Meer, möglichst auch ohne Mondlicht. Dann brauchst du sie gar nicht zu suchen: Wenn die einzelnen Sterne plötzlich zu einem Sternenmeer am tiefschwarzen Himmel werden, gestochen scharf funkeln, wenn du vielleicht Schwierigkeiten bekommst, die helleren Lichtpunkte unserer Sternbilder Schwan, Leier, Orion herauszupicken – dann siehst du sofort dieses milchige Band über den Himmel ziehen.

Auch dazu haben die Griechen eine phantasievolle Geschichte erfunden: Herkules, der Sohn des Göttervaters Zeus und seiner Frau Hera, war schon als Baby solch ein Kraftbolzen, dass er viel zu stark an der Mutterbrust sog. Die Milch spritzte in hohem Bogen heraus in den Himmel und wurde zur Milchstraße. Ein paar Tropfen davon fielen auf die Erde – und wurden zu weißen Lilien. Ob die Griechen wirklich glaubten, das sei göttliche Muttermilch am Himmel? Wer weiß das heute so genau! Es war eine Sage – aber der Himmel erscheint uns selbst heute noch so verschieden von unserer Erde: Alles leuchtet unwirklich fern, in jeder Nacht gleich, immer wieder und makellos schön, sodass man schon an Götter und Märchen denken mag.

In der Milchstraße strahlen mehr als 100 Milliarden Sonnen

Die wahre Entdeckungsgeschichte unserer Milchstraße begann vor 400 Jahren: Der Physiker Galileo Galilei hat im Spätherbst des Jahres 1609 – gleich nach der Erfindung des Fernrohrs – durch seine selbst geschliffenen Linsen gesehen, dass diese Milchstraße aus ungeheuer vielen einzelnen Sternen bestand. Er hat übrigens auch als Erster Gebirge auf unserem Erdmond entdeckt und sogar Monde um den Planeten Jupiter. Also ab dieser Zeit war klar, dass die Milchstraße nicht aus Milch oder Gas oder Staub, sondern aus Sternen bestand.
Aber warum gibt es so viele Sterne genau in solch einem Band, das am Himmel entlangzieht – und übrigens um die ganze Erde ringförmig herumführt? Das ist erst einige Zeit nach Galilei erklärt worden und so einfach, dass du auch darauf kommen kannst, wenn du es nicht schon weißt:

Wenn du in einem Schwimmbecken schwimmst, mit dem Kopf gerade über dem Wasser, siehst du das Wasser links und rechts und vor und hinter Dir. Aber über dir natürlich nicht. Was schließt du daraus? Das Wasser ist flach um dich herum verteilt. Allerdings unter dir bis zum Beckenboden gibt es auch noch Wasser. Wir schwimmen mit unserer Sonne in der Milchstraße, sehen nun darüber, aber auch darunter viel weniger Sterne, nur das breite ringförmige Band mit ungeheuer vielen Sternen, in dem wir schwimmen. Was können wir also schließen? Wir sind in einem ganz flachen »Schwimmbecken« aus diesen vielen Sternen statt Wassertropfen. Die Milchstraße ist also so etwas wie ein flaches Wasserbecken aus Sternen, und wir gehören mit dazu. Darüber und darunter schauen wir in das viel leerere Weltall. Aber auch die Sterne der Milchstraße sind schon alle sehr weit voneinander – und von unserer Sonne – weg, deshalb erscheinen sie nicht so dicht um uns wie die Wassertropfen des Schwimmbeckens.

Die Milchstraße ist vielleicht etwas Ähnliches wie der Andromedanebel, ein eigenes Sternenreich als flache Scheibe, unser Sternenreich, unsere Galaxis. Das hat vor 300 Jahren der Astronom Friedrich Wilhelm Herschel erkannt. Ungeheuer viele Sterne müssen das sein, er glaubte, Millionen. Wir wissen heute, es sind vielleicht mehrere hundert Milliarden Sonnen, die in unserer Galaxis versammelt sind. Und unsere Sonne ist nur eine davon und noch eine recht kleine dazu.

Willst du wissen, wie groß diese flache Scheibe Milchstraße ist? Scheibe ist übrigens doch ein falsches Bild, man hat inzwischen herausgefunden, dass es eine große flache Spirale ist mit langen Armen, die sich unterschiedlich schnell drehen. Wenn die nächsten Sterne schon einige Lichtjahre entfernt sind, weiter entfernte schon

Das ist eine ferne »Milchstraße« im Kosmos, eine Galaxie. So schaut vielleicht auch unsere eigene Milchstraße, die Galaxis, aus, wenn wir sie aus der Ferne betrachten könnten.

einige hundert Lichtjahre, wie groß könnte dann unsere Milchstraße sein?[7]

Wir stehen übrigens mit unserer Sonne nicht genau in der Mitte, sondern irgendwo näher am Rand dieses großen Sternenreiches, genau gemessen: etwa 20 000 Lichtjahre vom Rand entfernt. Dort also steht das kleine verlorene Sternsystem Sonne mit neun Planeten. Das Licht braucht nur ein paar Stunden, um es zu durcheilen. Von hier zum anderen, entferntesten Ende der Milchstraße ist es dann – na, richtig: . . .[8] Jahre unterwegs.

Kapitel 2

Wie findet man Planeten, Sternschnuppen, Kometen?

Es gibt fünf Sterne am Himmel, die du auch ohne Fernglas oder Fernrohr finden kannst und die sich ganz anders verhalten als die tausende anderer. Das haben schon die Babylonier und Ägypter und natürlich die Griechen gewusst. Sie nannten diese fünf Sterne »Planetes«, das heißt auf griechisch »Umherirrende«. Das sind also Wanderer zwischen den anderen Sternen. Wir finden sie nämlich nicht jede Nacht am gleichen Ort unter den anderen Sternen, wie wir das etwa von Sirius oder Beteigeuze im Orion gewohnt sind. Diese Sterne heißen deshalb auch Fixsterne (lateinisch fix = fest an einer Stelle).
Die Wandelsterne oder Planeten ziehen im Laufe von Wochen und Monaten durch viele Sternbilder. Sie müssen also immer wieder an neuen Stellen des Himmels gesucht werden. Aber alle fünf leuchten ganz ruhig. Sie funkeln nicht wie die Sterne und leuchten mitunter auch sehr hell. Das sind die Planeten Merkur, Venus, Mars, Jupiter und Saturn. Vier davon kannst du ganz einfach entdecken, wenn sie gerade richtig am Nachthimmel stehen. Nur bei Merkur ist das recht schwierig.
Wir wissen heute, dass Planeten keine Sterne sind. Sie strahlen nicht selbst, so wie die Sonne, unser Heimatstern. Sie sind keine brennenden Gasbälle, sondern »spiegeln« nur das Licht der Sonne, so wie du ein weißes Stück Papier hell erkennen kannst, wenn deine Taschenlampe es in der Dunkelheit anstrahlt. Planeten kreisen

um unsere Sonne – in ganz nahen Bahnen, wie der sonnennächste Planet Merkur, und in ganz fernen Bahnen, wie die Planeten Uranus, Neptun und Pluto, die nur mit dem Fernglas oder Fernrohr zu beobachten sind.
Und unsere Erde ist natürlich auch ein Planet, sie kreist ja in einem Jahr einmal um die Sonne. Das alles wussten die Griechen noch nicht. Die Erde war doch gerade nicht am Himmel zu sehen. Wie konnte sie dann etwas Gleiches sein wie die Lichtpünktchen Jupiter oder Saturn? Bei allen Sternen und auch bei der Sonne sah man doch, dass sie sich gerade Tag für Tag um die Erde herum bewegten. Erst seit Kopernikus wissen wir, dass alles anders ist. Fünf Planeten der Griechen plus die Erde plus die drei, die man erst mit dem Fernrohr entdeckte, sind also neun Planeten insgesamt.

Neun Planeten hat die Sonne

Wie kann man Planeten am Himmel finden? Zunächst ein Merkspruch zu allen neun Planeten:
*M*ein *V*ater *e*rklärt *mir* *je*den *S*onntag *u*nsere *n*eun *P*laneten. Das sind neun Worte. Jeder Anfangsbuchstabe ergibt einen Planeten: *Merkur*, *V*enus, *E*rde, *Mars*, *J*upiter, *S*aturn, *U*ranus, *N*eptun, *P*luto.
Merkur ist wirklich sehr schwer am Himmel zu finden. Er ist zu nah bei der Sonne und deshalb – ab und zu – nur kurz nach Sonnenuntergang oder kurz vor Sonnenaufgang zu finden. Sobald Berge, Bäume oder Häuser dir die Sicht zum Horizont versperren, wird es schon ganz schwierig. Bei den Römern und Griechen war Merkur (griechisch: Hermes) der Götterbote, weil er am schnellsten von allen Planeten zur Sonne hin- und wieder wegschwenkte.

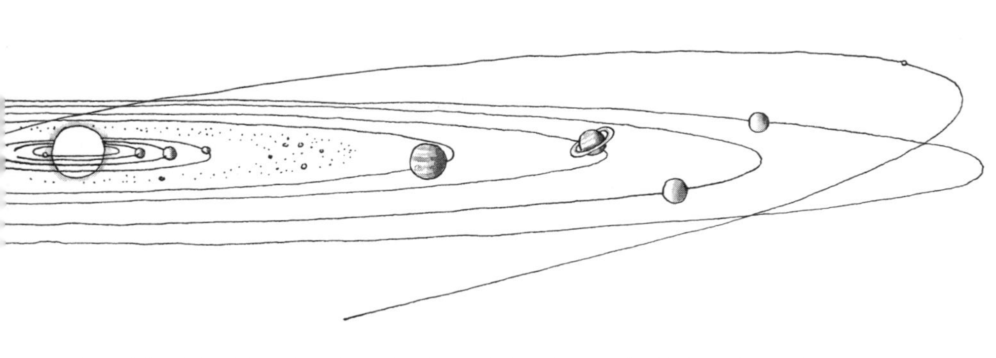

Unser Sonnensystem mit 9 Planeten – und den vielen kleinen Planetoiden zwischen Mars- und Jupiterbahn.

Fangen wir deshalb lieber bei der *Venus* an. Auch sie kreist noch viel näher an der Sonne als die Erde, aber doch viel weiter weg als der Merkur. Du kannst sie deshalb bald nach Sonnenuntergang entdecken, in Richtung Westen also, wenn der Himmel noch hell ist und kein anderer Stern zu sehen ist. Sie leuchtet dann als »Abendstern« strahlend hell, viel heller als selbst Sirius, der hellste Fixstern, strahlen kann. Mir ist es oft passiert, dass Leute, die mit mir am Abend von der S-Bahn nach Hause gingen, genau in Richtung Westen, gar nicht glauben wollten, dass das helle Licht vor ihnen wirklich ein Stern war. Sie dachten, es wäre ein Flugzeug oder ein künstlicher Satellit. Aber die bewegen sich ja und bleiben nicht still am Himmel stehen. Mit der Drehung des ganzen Himmels sinkt Venus natürlich langsam tiefer und tiefer und ist spätestens ein paar Stunden nach Sonnenuntergang auch unter dem Horizont verschwunden.

Übrigens findest du Venus als Abendstern im Westen nur zu bestimmten Zeiten: am höchsten am Himmel so um den Oktober 2000 herum für ein paar Monate, dann erst wieder um Mai 2002 usw. Alle 19 Monate wiederholt sich dieses wunderbare Schauspiel. Du kannst also richtig ausrechnen, ob, sagen wir, zu deinem 15. Geburtstag die Venus als Abendstern da ist. Wenn das nicht klappt, hast du noch eine andere Chance. Dafür musst du aber früh aufstehen.

Um Mai 2001 herum kannst du Venus für ein paar Monate als »Morgenstern« im Osten ganz hoch am Himmel finden, d. h. einige Stunden bevor die Sonne aufgegangen ist. Und auch der Morgenstern Venus bleibt strahlend hell, selbst wenn die Morgenröte der kommenden Sonne den Himmel schon aufhellt. Diesen Morgenstern siehst du ebenfalls etwa 19 Monate später wieder usw.

Die Venus macht also ganz regelmäßige Bewegungen von der Sonne weg und wieder zur Sonne hin, sodass wir sie einmal hinter der Sonne, als Abendstern, und einmal vor ihr, als Morgenstern, sehen. Aber, dass sie um die Sonne kreist, das wollten die Griechen einfach nicht glauben. Und bewiesen hat es wirklich erst Galileo Galilei mit seinem Fernrohr.

Venus ist wirklich der hellste und schönste Stern am Himmel. Aber wir wissen natürlich: Sie ist kein Stern, sondern ein Planet. Weil sie so wunderbar leuchtete, hat Venus den lateinischen Namen der Schönheitsgöttin bekommen. Bei den Griechen hieß sie nicht Venus, sondern Aphrodite.

Mars ist auch sehr gut am Himmel zu finden. Da er schon in sehr großer Entfernung um die Sonne kreist, weiter weg von ihr als unsere Erde, sehen wir ihn nicht mehr wie die Venus nur am Abend oder Morgen. Er kann sogar die ganze Nacht über sichtbar sein und steht dann um Mitternacht am höchsten. Man sagt dann, er steht in Opposition zur Sonne, das heißt, ihr genau gegenüber: Die Sonne, die um Mitternacht »unter« uns, auf der uns entgegengesetzten Erdseite steht, bestrahlt ihn voll. Er leuchtet wunderbar und eindeutig rötlich. In Oppositionsstellung ist er übrigens der Erde besonders nahe. Wenn du so im Juli 2001 schon in den frühen Abendstunden hoch am Himmel, so hoch wie auch die Sonne am Tag gezogen ist, einen rötlichen, hellen Stern entdeckst, der nicht flimmert und funkelt, sondern ganz ruhig strahlt, dann ist es Mars, der römische Kriegsgott, den die Griechen Ares nannten. Rot war die Farbe von Blut und rostigem Eisen. Aus Eisen waren die Waffen für den Krieg geschmiedet. Mars ist übrigens der einzige der sichtbaren Planeten, der deutlich gefärbt erscheint. Übrigens kannst du ihn mehrere Monate um den Juli herum wunderschön am Nachthimmel verfolgen. Noch heller ist er um den August/September 2003, heller sogar als Jupiter. Die nächsten Male, immer etwa 25 Monate später, im Jahr 2005, 2007, wird er wieder etwas schwächer leuchten. Das hängt davon ab, wie nahe er der Erde kommt. Die Planeten laufen ja nicht in genauen Kreisen um die Sonne. Die Kreise sind ein bisschen verbogen. Ellipsen nennt man das. Und deshalb verändert sich auch der Abstand von Erde und Mars bei jedem Umlauf dieser Planeten.

Nicht so hell wie Venus, aber doch heller als Mars kann übrigens im Allgemeinen *Jupiter* strahlen – der mächtigste aller Götter. Die Griechen nannten ihn Zeus. Er kann manche vollmondlose Nacht mit seinem Glanz beherrschen. Dann ist er ganz einfach zu sehen. Du findest ihn, die ganze Nacht über strahlend, mehrere Monate jedes Jahr. Das ist toll! Er fährt ebenfalls so hoch am Himmel entlang, wie die Sonne am Tag gezogen ist, und glänzt ruhig und funkelt nicht. Ende Oktober 1999 war er zum Beispiel wunderschön zu sehen, schon am frühen Abend im Osten aufgehend. Das nächste Mal ist es so Ende November 2000, dann Ende 2001/Anfang 2002. Alle 13 Monate wiederholt sich das Schauspiel.

Saturn, griechisch Kronos, zweitmächtigster aller Götter, war Vater von Zeus und fraß alle seine Kinder auf, weil er Angst hatte, dass ihm eines seine Macht wegnehmen würde. Nur Zeus/Jupiter wurde von der Mutter versteckt und entmachtete seinen Vater später. Das ist also das grausame griechische Märchen. Aber am Himmel ist Saturn ein heller Stern, nicht so hell wie Jupiter, selten so hell wie Mars, aber immer eindrucksvoll. Auch er ist, wie Jupiter, jedes Jahr mehrere Monate sichtbar, ganz ruhig strahlend. So um den November 2000 – und dann wieder alle 12,5 Monate – kannst du ihn die ganze Nacht über beobachten, wenn du willst. Seinen wunderbaren Ring kann man leider nur im Fernrohr sehen. Darüber erzählen wir noch.

Warum funkeln die Sterne, aber nicht die Planeten?

Eigentlich flimmern oder funkeln die Fixsterne gar nicht selbst. Unsere Astronauten im Weltall z. B. sehen alle Sterne so ruhig leuchten, wie wir das nur bei den Planeten können. Die Luft um unsere Erde ist schuld, dass Sterne flimmern. Sie zittert ja immer ein wenig hin und her. Am besten siehst du das an heißen Sommertagen, wenn du in die Ferne schaust. Dann scheinen ganz kleine Dinge am Horizont (z. B. Bäume) auch hin und her zu flimmern. Und Sterne sind ganz feine Punkte am Himmel, weil sie so weit weg sind, die Luft »verzittert« sie deshalb. Planeten dagegen sind keine Punkte, sondern kleine Scheibchen am Himmel – auch wenn wir das erst im Fernrohr sehen können. Das Licht von einem Teil dieses Scheibchens fällt ruhig in unsere Augen, während das Licht vom anderen Teil gerade verzittert wird.

Und was ist mit den Planeten *Uranus, Neptun, Pluto?* Sie sind zu lichtschwach, um mit bloßem Auge am Himmel entdeckt zu werden. Bei Uranus ginge das im Prinzip gerade noch, wenn du sehr gute Augen hast und einen ganz dunklen Nachthimmel findest. Aber auch in der Geschichte ist er erst mit dem Fernrohr entdeckt worden. Wir heben uns deshalb die drei für unser Fernrohrkapitel auf.

Planeten, Wochentage und Metalle

Nun habe ich noch eine Quizfrage: In welchen Namen von Wochentagen findest du Namen von Himmelskörpern aus unserem Sonnensystem versteckt? Schreibe es hier hin: [9]
Aber weißt du, was auf Englisch Samstag heißt? Richtig: Saturday! Das ist der Saturntag. Und weißt du, was auf Französisch Freitag heißt? Na, das ist schon schwieriger, vendredi. Das ist der Venustag. Die Germanen haben ihn einfach nach ihrer wichtigsten Göttin anstatt nach der römischen Venus benannt und die hieß eben Freia. Und wenn du mal die anderen Wochentage auf Französisch oder Latein (oder Italienisch) im Wörterbuch nachschlägst, wirst du drei weitere Planeten finden: Merkur, Mars, Jupiter (bei den Germanen hieß der höchste Gott Donar). Das sind zusammen alle fünf Planeten, die die Griechen und Römer mit ihren bloßen Augen sehen konnten. Dazu noch Sonne und Mond, macht sieben Himmelsgestirne. Sieben ist die heilige Zahl, sieben Tage der Woche gab es und übrigens auch sieben Metalle, die man damals kannte. Fällt dir sofort ein Metall ein?

Na, sicher hast du auf Eisen oder auf Gold getippt. Könntest du dir denken, für welchen Planeten das Eisen passt? Wir haben das ein paar Seiten vorher eigentlich schon verraten: Natürlich zu Mars, dem Kriegsgott. Die Waffen waren aus Eisen.
Man kannte damals auch die Metalle Gold, Silber, Quecksilber, Zinn, Kupfer, Blei. Kannst du dir denken, welches Metall die Griechen der Sonne zuordneten? Na, das strahlendste natürlich, das Gold. Und wie schimmert der Mond? Golden geht nicht mehr, das war für die Sonne reserviert – also: Silber. Nun, mit den anderen Planeten und Metallen mussten die Griechen und Römer schon raffinierter umgehen. Was passte zum Beispiel für den schönsten Planet, die Schönheitsgöttin Venus? Gold und Silber waren schon weg. Gut, Kupfer glänzt auch noch, und außerdem, damals wurden Spiegel meist aus Kupfermetall geschliffen und so fein poliert, dass man sich darin beim Frisieren und Schminken spiegeln konnte. Spiegel wie heute, mit einer perfekt spiegelnden Metallschicht hinter Glas, gab es noch nicht. Ja, und Spiegel brauchten eben vor allem Damen, wie die Venus eine war.
Blei war das schwerste Metall und Saturn der langsamste Planet – weil er schon so weit weg von uns ist. Deshalb wurde ihm das Blei zugeordnet. Quecksilber, es heißt übrigens auf Englisch immer noch mercury, gehört zu Merkur. Es ist das einzige Metall, das bei Zimmertemperatur flüssig ist und metallisch glänzend hin und her schwabbelt. Es ist hoch giftig, deshalb hast du es sicher noch nie gesehen. Und auch Merkur schwappte ganz schnell um die Sonne hin und her. Deshalb schienen er und Quecksilber zusammenzupassen.
Für Jupiter, den mächtigsten aller Götter, blieb dann nur noch das Zinn übrig, das nicht besonders eindrucksvoll war, auch wenn

man es für die Herstellung des wichtigen Bronzemetalls unbedingt brauchte. Also eigentlich beschämend. Aber immerhin hatte man die sieben Himmelsgestirne, die sieben Wochentage und die sieben Metalle schön geordnet. Auch dies eine wunderbare Eselsbrücke für Kopfgymnastik. Heute kennen wir übrigens noch ganz andere Metalle. Fällt dir eines ein?[10]

Der Stern von Bethlehem

Zu Jupiter als Stern des höchsten Gottes gibt es noch eine ganz wichtige Geschichte – zumindest für Christen. Das ist der Stern von Bethlehem. Zur Zeit von Galilei und Kepler hat man versucht wissenschaftlich zu ergründen, was denn wohl der Stern gewesen sein könnte, der den Weisen aus dem Morgenlande erschien und der vor ihnen herzog bis zur Krippe von Bethlehem, wo sie den neuen »König der Juden«, den Sohn des einzigen Gottes der Juden, fanden. Vielleicht war es ein Komet gewesen? Vielleicht war es aber auch ein – sehr seltenes – Zusammentreffen der zwei Sterne Jupiter und Saturn. Jupiter, als Stern des obersten Himmelsherrschers, galt auch als Königsstern. Saturn wurde auch als Stern der Juden bezeichnet. Und das hätte im Sternbild Fische passieren müssen; den Fisch benutzten ja noch die verfolgten Christen in Rom als geheimes Erkennungszeichen. Allerdings ist der Schweif des Sterns von Bethlehem nicht einfach zu erklären, wenn man eine Begegnung von Jupiter und Saturn annimmt.
Man konnte schließlich ausrechnen, dass sich Jupiter und Saturn wirklich einmal sehr nahe gekommen sind, aber leider schon sieben Jahre vor Christi Geburt. Doch vielleicht war das Datum von

Christi Geburt einfach falsch? Heute glaubt man tatsächlich, dass Christus schon um 7 vor Christus geboren wurde, so komisch das zunächst klingt. Das heißt also, diese sehr enge Begegnung von Jupiter und Saturn kann wirklich der Stern von Bethlehem gewesen sein. Andere Ereignisse um die Geburt Christi haben nämlich auch lange vor diesem – falschen – Datum stattgefunden. So starb der jüdische König Herodes schon einige Jahre vor Christus. Und er soll doch nach der Bibel alle Kleinkinder in Bethlehem ermordet haben lassen, weil er den neuen »König der Juden« fürchtete. Die Weisen aus dem Morgenland haben übrigens laut Bibel die Geburt Christi vorausgesehen und das Datum kalkuliert. Planetenbegegnungen konnten babylonische Astronomen, das waren wohl die Weisen aus dem Morgenlande, sehr gut berechnen. Bei Kometen war das damals unmöglich.
Also: Jesus Christus ist wahrscheinlich sieben Jahre früher als überliefert geboren worden. Erstaunlich ist dabei auch, wie genau Astronomen die Bahnen der Planeten zurück in die Vergangenheit berechnen können – oder auch in die Zukunft! Heute kannst du billige Computerprogramme kaufen, mit denen du solche Planetenbegegnungen, auch die sehr seltenen von Jupiter und Saturn, auf einen Knopfdruck in null Komma nichts Sekunden erhältst. So etwas macht z. B. auch ein Computer in der Astronomieausstellung des Deutschen Museums. Früher mussten die Astronomen ewig lange rechnen.

Der berühmteste Komet

Kometen sind ein besonders prächtiges Himmelsschauspiel, aber leider selten zu sehen: Da steht dann plötzlich ein Schweif aus Licht am Himmel, mit einem ganz hellen kugeligen Ende. Es hat schon Kometen gegeben, bei denen dieser Lichtschweif quer über einen großen Teil des Himmels zog. Weil sie so unerklärlich am Himmel auftauchen und nach einigen Monaten wieder verschwinden, hatte man früher große Angst vor ihnen. Sie waren ein böses Zeichen: Man glaubte, bald nach ihnen würden Unglück, Krieg und Seuchen die Menschen plagen. Nur selten hielt man sie auch für ein gutes Vorzeichen. So hat der italienische Maler Giotto (gesprochen: Schotto, mit ganz weichem Sch, wie Dschungel) vor 700 Jahren, genau im Jahre 1302, einen Kometen als Stern von Bethlehem, über der Krippe mit dem Jesuskind, gemalt.

Das ist übrigens wieder eine interessante Geschichte: Ein Jahr bevor Giotto das Bild malte, stand ein eindrucksvoller Komet am Himmel, mit einem langen hellen Schweif, wie geschaffen für den Stern von Bethlehem. In der Tat hatten die alten Römer manchmal das Erscheinen eines Kometen als Zeichen für den Tod eines Kaisers und den Beginn einer neuen Kaiserzeit gesehen. Giotto nahm also diesen Kometen und malte ihn über Bethlehem als Zeichen für die neue Herrschaft des Jesuskindes. Er wusste dabei nicht, niemand wusste das damals, dass dieser Komet von 1301 gar kein besonders einmaliges Ereignis war. Er kommt nämlich etwa alle 75 bis 78 Jahre wieder und heißt Halley'scher Komet. So war er schon im Jahr 1222 zu sehen gewesen und im Jahre 1145 usw., auch im Jahre 12 vor Christus. (Das passt jedoch nicht für den Stern von Bethlehem!)

Aber auch nach Giotto tauchte dieser Komet wieder auf, zum Beispiel im Jahr 1682 – das bisher letzte Mal übrigens 1986. Ich war damals fürchterlich enttäuscht von ihm. Er war fast nicht zu sehen (nur mit Fernrohr), da sein Schweif sehr klein war. Auch das Wetter war übrigens schlecht. Vielleicht hast du um das Jahr 2062 mehr Glück! Dann bist du allerdings schon ziemlich alt.

Dieser berühmte »Schweifstern«, den der Maler Giotto, übrigens wirklich erstaunlich genau, zeichnete, war der erste Komet, von dem man nachwies, dass er immer wiederkehrt, also immer derselbe ist und nicht ein ganz neuer Himmelsvagabund. Nicht alle Kometen kommen wieder, viele verschwinden auf Nimmerwiedersehen. Aber dass der Komet des italienischen Malers Giotto derselbe ist wie der von 1682, das hat der Engländer Edmund Halley um diese Zeit bewiesen. Wie macht man so etwas? Wie mein enttäuschendes Erlebnis 1986 zeigte, sieht der Komet bei all seinen Besuchen unterschiedlich groß aus – je nachdem wie hell sein Schweif ist. Vielleicht sagst du: Herr Halley hat einfach abgezählt, immer so 75 bis 78 Jahre rückwärts, und hat dann in alten Berichten gelesen, da war wieder ein Komet und nochmals 75 bis 78 Jahre rückwärts usw. Und dann hat er messerscharf geschlossen: Das war immer derselbe. Aber so etwas ist kein Beweis. Es gab ja auch viele andere Kometen in den Zeiten dazwischen. Warum sollten gerade diese 75 bis 78 Jahre so wichtig sein?
Man hat zur Zeit der Griechen und Römer und auch im christlichen Mittelalter geglaubt, dass Kometen gar nicht zum Sternenhimmel gehören. Für die Griechen war die Sternenwelt mit Sonne und Mond ewig gleich – immer dieselben Bahnen der Sterne am Himmel waren zu sehen. Da konnten nicht plötzlich ganz unberechen-

bare Kometen auftauchen und wieder verschwinden. Sie mussten also so etwas wie Blitz und Donner und Hagel sein, die ja auch ganz willkürlich auftauchen und nicht sehr weit von der Erdoberfläche entfernt entstehen. Kleine ferne Wolken können ja manchmal einem Kometen etwas ähnlich sehen.

Aber Edmund Halley war schon lange klar, dass die Kometen viel weiter weg sein mussten. Schon 100 Jahre vor ihm hatten Astronomen das bewiesen. Wenn man nämlich einen Kometen von verschiedenen Orten der Erde anpeilt, müsste er eigentlich »hin und her springen« wie dein Finger beim Zusammenkneifen von linkem oder rechtem Auge, wenn, ja wenn er der Erde sehr nahe wäre. Die Kometen »sprangen« aber nicht. Deshalb waren sie viel, viel weiter weg, als man geglaubt hatte. Also waren sie auch nichts Wolkiges, sondern vielleicht wirklich eine besondere Art von Stern!

Edmund Halley hat nun genau vermessen, wo der Komet 1682 jeden Tag am Himmel stand. Und das über eine längere Zeit hinweg, bis er immer kleiner wurde und kaum noch zu sehen war. Und als Halley diese Beobachtungen zusammenrechnete, kam heraus, dass der Komet eine Bahn um die Sonne machte, eigentlich wie die Planeten, aber viel, viel länger gestreckt. Es war eine ganz lange Ellipse. Das heißt, er kam nah zur Sonne (und zur Erde) und flog dann wieder ganz weit in das Weltall hinaus. Und wenn er von dort wieder zurückkehrte, dann mussten 75-78 Jahre vergangen sein. Und: Diese gleiche Bahn konnte Halley auch aus Beobachtungen von zwei Kometen, der eine im Jahr 1531 und der andere im Jahr 1607, berechnen.

Das war also der Beweis! Wenn all diese Bahnen gleich waren und auch die Zeit, die diese Kometen für ihre Bahn brauchten, dann musste es ein und derselbe Himmelskörper sein! Und doch glaub-

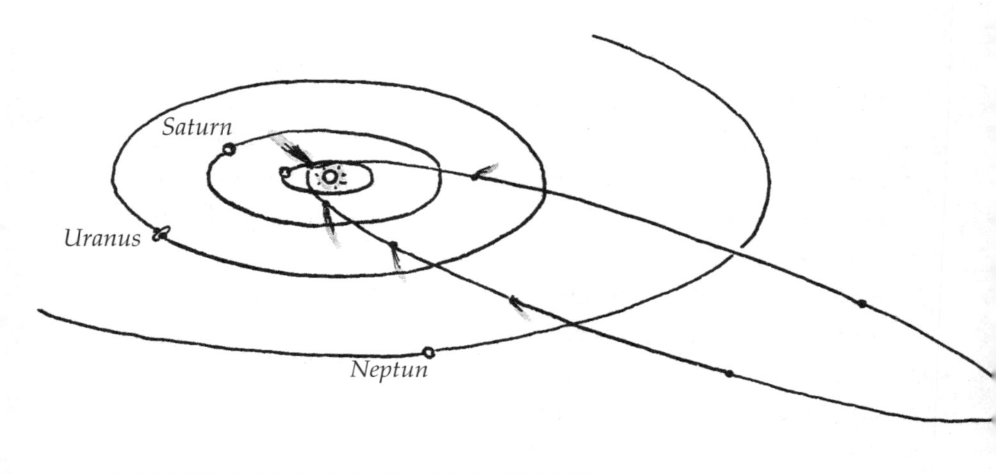

So kurvt der Halley'sche Komet in gut 75 Jahren durch unser Sonnensystem. Den Schweif gibt es nur in Sonnennähe!

ten manche immer noch nicht daran. Halley hatte aber einen ganz besonderen Trumpf in der Hand: Er konnte berechnen, wann sein Komet wieder erscheinen würde. So ungefähr kannst du das jetzt auch schon: Wann nach 1682 musste Halleys Komet wiederkommen? Richtig ...[11] Halley berechnete genauer, das Jahr 1759. Leider erlebte er das selbst nicht mehr.
Auch du hast nur einmal in deinem Leben die Chance, den Halleyschen Kometen wirklich zu beobachten – eben um das Jahr 2062. Wann müsste jemand geboren werden, damit er den Halley'schen Kometen vielleicht zweimal sieht? ...[12]
Die Wiederkehr des Halley'schen Kometen im Jahr 1759 wurde ein Triumph der Wissenschaft: Er kam genau zur berechneten Zeit (allerdings hatten einige Astronomen die Kalkulationen von Halley ein bisschen verbessert)!
Nun zweifelte kein gebildeter Mensch mehr daran, dass Kometen Himmelskörper sind, die uns aus fernen Gegenden unseres Son-

nensystems besuchen. Je näher sie der Sonne kommen, desto schneller und heller werden sie, und schließlich stürzen sie in einem weiten Bogen um die Sonne herum und verschwinden wieder im dunklen Weltall.
Aber warum kehren manche wieder und manche nicht? Das hängt davon ab, wie ihre Bahn von Anfang an aussah, wie schnell sie schon waren und wie sie auf ihrer weiten Reise an allen Planetenbahnen vorbei, vom fernen Pluto bis in die Nähe des Merkur, von der Anziehungskraft der Planeten und der Sonne beeinflusst werden. Das ergibt manchmal eine Ellipse, dann kommen sie wieder, manchmal eine offene Kurve – eine Parabel oder auch eine Hyperbel –, dann verschwinden sie auf Nimmerwiedersehen. Manchmal stürzen sie auch in die Sonne und verglühen.
Und woher kommen sie überhaupt? Warum ist ihr Schweif manchmal hell, manchmal nicht, aber immer von der Sonne weg gerichtet? Warum leuchten sie und woraus bestehen sie? Das klären wir alles im Kapitel 4.

Sternschnuppen sind Meteore und oft zu sehen

Viel häufiger als Kometen sind Sternschnuppen am Himmel zu sehen. Jedes Jahr kann man welche finden, im Prinzip zu jeder Jahreszeit. Man muss etwas Glück haben. Am besten schaust du dann zum Nachthimmel, wenn besonders viele vorhergesagt werden. So gibt es um den 12. August herum die Sternschnuppen der Perseiden. Sie heißen so, weil sie alle aus dem Sternbild Perseus zu kommen scheinen. Es gibt z. B. auch die Sternschnuppen der Leoniden: Leoniden sind nicht Menschen mit Löwengemüt, auch nicht alle

Päpste mit Namen Leo (fällt dir noch etwas Phantasievolles ein?), sondern natürlich der Sternschnuppenschwarm, der aus dem Sternbild Leo, das heißt Löwe, herunterzufallen scheint.

Das wäre ein idealer Sternschnuppenschwarm – leider sehen wir meist nur wenige vom Himmel herunterzucken.

Wann gibt es besonders viele Sternschnuppen?

Quadrantiden:	vom 2. – 4. Januar
Perseiden:	zwischen 10. und 14. August
Geminiden:	um den 12. Dezember

Leider kann man sich auf Sternschnuppen nicht einmal so wie auf vorhergesagte Kometen verlassen. Sie sind noch ein Stück unzuverlässiger. Manchmal kommen nur wenige, obwohl man eine

Nacht hindurch wartet und die Astronomen einen ganz heftigen Schauer vorhergesagt haben.
Aber schon, wenn man *eine* Sternschnuppe sieht, wie ein kleiner Lichtblitz aus einem fernen Fotoapparat, der ein Stück über das Firmament zuckt und wieder verlischt, ist das ein unvergessliches Ereignis. Angeblich kannst du dir ja sofort etwas wünschen – das geht dann auch in Erfüllung, sagt man. Ich habe mir nur immer gewünscht, gleich noch eine Sternschnuppe zu sehen. Selbst dieser bescheidene Wunsch ging oft genug nicht in Erfüllung!
Sternschnuppen darfst du nicht mit künstlichen Satelliten verwechseln, die manchmal als Lichtpunkt über den Nachthimmel ziehen und irgendwo scheinbar erlöschen – weil sie in den Schatten der Erde eintauchen und nicht mehr von der Sonne bestrahlt werden. Sie blitzen nicht auf, sondern ziehen eine Weile ruhig ihre Bahn, bis sie verschwinden. Das sind ja Instrumente aus Metall, die Fernsehsendungen oder Telefongespräche zu uns senden oder die Erdoberfläche vermessen usw.
Sternschnuppen können manchmal – selten – auch recht helle Lichtblitze sein, die sehr lange vom Himmel herunterzucken. Und manchmal kommen sie in der Tat bis auf die Erdoberfläche. Dann findet man Reste von ihnen in der Erde stecken, man nennt sie Meteorite. Diese Sternschnuppen waren offenbar groß genug, nicht ganz in der Luft zu verbrennen. Sternschnuppen, auch Meteore genannt, sind Klumpen aus Eisen oder Gestein, die mit großer Geschwindigkeit aus dem Weltall in die Lufthülle der Erde hineinschießen und entweder ganz in der Luft verglühen oder als Meteorite in der Erde stecken bleiben. Je größer sie sind, umso seltener sind sie – Gott sei Dank, denn sie kommen mit einer wahnsinnigen Energie durch die Lufthülle gesaust.

Es gibt auf der Erde viele Stellen, an denen man Meteorite fand. Manche dieser Weltraumgeschosse haben kleine, mittlere oder sogar große Krater in die Erde geschlagen. Je größer, umso gefährlicher sind also Sternschnuppen.

Können Meteore der Erde gefährlich werden?

1908 schlug – wahrscheinlich – ein Meteor oder Kometenkern in ein fernes Waldgebiet bei Tunguska in Sibirien ein. Es gab eine gewaltige Explosion und einen riesigen Feuerball. Auf einer Fläche von über 40 mal 40 km wurden etwa 40 000 Bäume weggefegt, verbrannt, verkohlt. Man fand aber keinen Krater und keine Meteoritenreste. Das schien zuerst sehr geheimnisvoll. So gab es viele tolle Theorien für diese Katastrophe.
Einige Wissenschaftler glaubten vor nicht allzu langer Zeit, dass eine Himmelsbombe aus Antimaterie sich in der Luft über Sibirien in Energie aufgelöst hätte. Antimaterie besteht aus Atomen, die genauso aussehen wie die Atome unserer Erde. Diese enthalten z. B. positiv elektrische Protonen und negativ elektrische Elektronen. In Antimaterie dagegen sind die Protonen negativ und die Elektronen dafür positiv geladen. Sie heißen dann Antiprotonen und Positronen. Trifft diese Antimaterie auf unsere Erdmaterie, vernichten sich alle Teilchen vollständig, weil jeweils ein Plusteilchen der Erdmaterie mit einem Minusteilchen der Antimaterie oder umgekehrt zusammenschmilzt. Übrig bleibt nur riesige Energie. Solche Antiteilchen hat man schon in den großen Beschleunigern der Atomphysiklabors erzeugt – aber Atome aus Antimaterie noch nicht. Und bisher hat man auch noch keine Antimaterie im Kosmos beobachtet.

Heute ist glaubhafter, dass ein Meteor oder Komet von 50 bis 100 m Durchmesser nach seinem rasenden Flug durch die Lufthülle der Erde in immer kleinere Teile zerbrach, die schließlich alle etwa 8 km über Sibirien total verglühten. Wäre diese Riesensternschnuppe nicht in Sibirien, sondern in ein bewohntes Gebiet eingeschlagen, hätte es eine wahnsinnige Katastrophe gegeben! Auch eine Explosion über dem Meer hätte großes Unheil angerichtet. Eine Flutwelle von etwa 100 m Höhe wäre aus dem Meer gepeitscht worden und hätte an den benachbarten Küsten alles zerstört und getötet.

Es gibt übrigens viele Wissenschaftler, die glauben, dass vor Jahrmillionen ein riesiger Himmelsvagabund auf die Erde einschlug und alles Leben vernichtete. Schuld daran hatten vor allem der Staub und Dreck, die der Meteor aus der Erde herausschlug und irrsinnig lange die Luft verdunkelten. Auch die berühmten Dinosaurier starben damals aus! Denn ohne Sonnenlicht und Wärme kann kein Leben existieren. Vielleicht war aber doch kein Meteoreinschlag schuld. Es können auch Vulkanausbrüche so viel Staub und Asche erzeugt haben.

Jetzt wirst du sicher fragen, wie selten ein gefährlicher Zusammenstoß von großen Meteoren mit der Erde ist. Es hat amerikanische Filme gegeben, die so eine Katastrophe spannungsvoll ausmalten. Schon bei 1000 m Durchmesser des Himmelsgeschosses wäre in der Tat die ganze Erde gefährdet. Doch solch ein grässliches Geschoss schlägt höchstens einmal in Millionen Jahren ein. Und auch die Zusammenstöße mit 100-Meter-Geschossen sind sehr, sehr selten.

Es kann einem also ganz schön gruselig werden, wenn man so eine kleine unschuldige Sternschnuppe am Himmel entdeckt. Zur Be-

ruhigung: Bis heute ist noch kein Mensch je von einem Meteor erschlagen worden, auch wenn einer (ein einziger!) schon mal in Haus und Garten einschlug!
In Kapitel 4 erzählen wir über Asteroiden, noch eine Art Vagabunden im Weltall, die zwischen der Marsbahn und der Jupiterbahn herumschwirren. Einige von ihnen kommen ab und zu der Erde fast in die Quere.

Halt! Noch eine Quizfrage zum Schluss: Weißt du, wo der einzige Kirchturm der Welt steht, der direkt vom Himmel stammt?
Zugegeben, die Frage ist schwierig. Deshalb gleich die Antwort: in Nördlingen, in Bayern. Das Städtchen steht in einem 25 km großen und 15 Millionen Jahre alten Meteoritenkrater – man erkennt das am Ring der umgebenden Berge. Der Kirchturm wurde aus Meteoritengestein erbaut.

Kapitel 3

Sonne, Mond und Erde

Bis jetzt haben wir die schönsten Gestirne am Himmel immer nur am Rande erwähnt. Dabei fallen sie doch jedem sofort auf, ob er sich nun für die Astronomie interessiert oder nicht: Sonne und Mond.

Du weißt schon, was die Sonne ist, ein Stern wie die vielen anderen am Himmel, aber uns ganz nahe, sodass wir die Wärme spüren, die dieser heiße Gasball zu uns sendet. Und was ist der Mond? Er ist ein Gesteinsklumpen, wie unsere Erde, aber doch kein Planet, weil er nicht um die Sonne kreist, sondern eben um die Erde. Man nennt ihn unseren Erdmond. Auch andere Planeten haben solche Monde.

Die Sonne ist das wichtigste Himmelsgestirn für uns. Ohne sie gäbe es keinen Tag und keine Nacht und keine Jahreszeiten. Sie liefert die Energie für alles Leben. Ohne Sonne wäre die Erde tot.

Beobachte mal, wie hoch die Sonne mittags am Himmel steht. Im Sommer und Winter immer gleich hoch? Nein. Im Winter steht sie selbst mittags sehr niedrig, ihre Strahlen reichen bis weit in dein Zimmer hinein. Im Sommer steht sie mittags viel höher, sie scheint nicht so tief in die hintersten Ecken deines Zimmers. Weil ihre Strahlen steiler auf die Erde fallen, wärmt sie viel besser als im Winter: Es fällt einfach mehr Energie, so sagen wir, auf z. B. einen Blumentopf.

Das kannst du mit deiner Taschenlampe ausprobieren. Halte mal am Abend im dunklen Flur ein Stück Papier recht nahe an deine

Taschenlampe und leuchte darauf. Wenn du das Papier senkrecht vor die Taschenlampe hältst, ist der Lichtfleck ganz hell, wenn du das Papier sehr schräg hältst, wird er ein wenig dunkler. Warum eigentlich? Auf dem schrägen Papier ist der Fleck jetzt größer geworden. Die Lichtenergie deiner Taschenlampe muss sich jetzt auf diesen größeren Fleck verteilen. Für jeden Teil des Flecks bleibt deshalb weniger Licht übrig.
Aber, wirst du sagen, im Winter ist es doch mittags genauso hell wie im Sommer. Nun, die Sonne strahlt so viel stärker als eine Taschenlampe, dass das menschliche Auge den Unterschied zwischen Wintermittag und Sommermittag gar nicht bemerkt. Aber die Erde, die jeden Tag von der Sonne aufgewärmt wird und nachts wieder abkühlt und dann wieder aufgewärmt wird – die spürt den Unterschied und mit ihr die ganze Natur. Außerdem strahlt die Sonne an Sonnentagen einige Stunden länger als an den kurzen Wintertagen.

Warum steht die Sonne im Winter niedrig und im Sommer hoch?

Die Erde kreist nicht nur um sich selbst, das bewirkt ja Tag und Nacht, sondern schwenkt einmal im Jahr in einem weiten Kreis von 300 Millionen km Durchmesser um die Sonne herum. Dabei ist unsere Erdhälfte mit Europa im Sommer zur Sonne hin geneigt, das Sonnenlicht fällt steiler ein. Im Winter ist Europa von der Sonne weg geneigt, das Sonnenlicht fällt flacher ein.
Am besten nimmst du, sagen wir, einen Tennisball, malst oben einen Punkt für den Nordpol, unten einen für den Südpol und hältst den Ball so vor deine Taschenlampe, dass der Nordpol zur Zim-

merwand hinter der Lampe geneigt ist, der Südpol von der Wand weg. Die Lampe legst du auf den Tisch. Passender als eine Taschenlampe wäre eine Stehlampe, aber ohne Schirm, weil sie nach allen Seiten strahlt wie die richtige Sonne. (Wenn du übrigens einen Globus statt eines Tennisballs zu Hause hast, ist das natürlich besser; hier steht die Erdachse schon schräg!) Auf der oberen Ballhälfte, näher am Nordpol liegen Deutschland und Europa. Male da z. B. einen schwarzen Fleck hin. So wie hier, auf der linken Seite der Abbildung, ist also Sommer. Unsere Modellsonne, die Taschenlampe, scheint sehr steil auf die nördliche Hälfte des Balles.

Europa als schwarzer Fleck! Links ist Sommer, da das Licht steil auf Europa trifft, rechts haben wir die Erde ein halbes Jahr weiter - im Kreis um die Taschenlame - getragen: Es ist Winter.

Und nun führe den Ball in einem halben Kreis auf der Tischplatte um die Taschenlampe herum nach rechts, wie wir das in der Abbildung gemacht haben. Dabei halte den Ball *konstant* »schräg«. Das heißt, der Nordpol muss immer zur gleichen Zimmerwand gleich stark geneigt bleiben. (Wenn du bei diesem halben Kreis um die Taschenlampe herumgekommen bist, musst du sie natürlich umdrehen. Sie ist ja nur eine halbe Sonne.) Der Nordpol zeigt weiter schön geneigt zur Zimmerwand – aber jetzt ist der Südpol plötzlich näher an unserer Lampensonne. Du siehst, wie die Sonnenstrahlen auf die obere, die nördliche Hälfte deines kleinen Erdballs viel flacher auftreffen als vorher. Dein schwarzer Fleck wird allerdings gar nicht bestrahlt, er liegt jetzt auf der Nachtseite der Erde. Kein Problem, drehe deinen Ball um die Nord-Süd-Achse, bis du den schwarzen Fleck von der Nacht – auf die Tagseite gebracht hast, so wie die Erde das jeden Tag tut, egal auf welcher Stelle der Jahresbahn um die Sonne sie sich befindet. Dein schwarzer Fleck wird nun auch sehr flach angestrahlt – es ist eben Winter und kalt.
So entstehen also die Jahreszeiten.
Und jetzt kannst du auch leicht Folgendes einsehen: Für ein »Land« auf der unteren, der südlichen Hälfte unseres Balles wäre es umgekehrt. Es hat dann Sommer, wenn du Winter hast, und umgekehrt. Und wie ist es mit dem Punkt oben auf dem Ball, unserem Nordpolpunkt, wenn du Winter hast? Er bekommt dann überhaupt keinen Lichtstrahl ab. Hier ist es jetzt ein halbes Jahr lang Nacht, tiefe, kalte Polarnacht. Die Sonne geht gar nicht auf.
Zwei Bewegungen der Erde – die jährliche Bewegung um die Sonne und die tägliche Bewegung um die eigene Achse regeln also, wie viel Sonnenlicht wir bekommen. Entscheidend ist für die Entstehung der Jahreszeiten, dass die Erdachse immer konstant schräg

geneigt bleibt. Das bleibt sie, weil die sich drehende Erde wie ein Kreisel um die Sonne tanzt. Und ein drehender Kreisel versucht seine Achse immer gleich geneigt zu halten.
Manche glauben übrigens, Sommer sei, wenn die Erde der Sonne näher ist, und Winter, wenn sie weiter entfernt ist. Völlig falsch! Wenn wir Sommer haben, ist die Erde sogar weiter weg von der Sonne als im Winter!

Monat und Jahr

Jetzt haben wir also die Jahreszeiten erklärt. Aber was ist der Monat? Wie der Name schon sagt – da spielt der Mond mit. Er scheint ja ganz hell als Vollmond, nimmt immer weiter ab, leuchtet nur noch dünn als Sichel, bis er schließlich, als Neumond, gar nicht mehr zu sehen ist. Dann schwillt er wieder an, bis er wieder Vollmond wird. Das Ganze dauert 29 ½ Tage. Die Mohammedaner in Ägypten und im Iran bestimmen so noch heute ihre Mondmonate. Leider ergeben 12 Mondmonate kein ganzes Jahr (wie viele Tage fehlen?[13]). Die Christen haben deshalb, wie die Römer, die Monate ein bisschen verlängert, auf 30 bis 31 Tage, also um bis zu 1 ½ Tage mehr als der echte Mondmonat. Nur dem Februar hat man 28 Tage verpasst. Und nicht genug mit dieser Rechnerei: Da das Jahr nicht genau 365 Tage dauert, sondern ¼ Tag länger ist, zählt man alle vier Jahre den Februar mit 29 Tagen. (Wenn du es noch genauer wissen willst, schau mal im Lexikon nach – unter Kalender.)

Auch der dunkle Teil des Mondes kann leuchten

Obwohl Sonne und Mond so groß am Himmel erscheinen, kann man doch ohne Fernrohr nichts Genaues auf ihnen entdecken. In die gleißende Sonne darfst du sowieso *auf keinen Fall* mit bloßem Auge schauen – da kann man ganz schnell blind werden. Aber auch, wenn man den roten Sonnenball am Abend betrachtet, erkennt man nichts Aufregendes. Und der Mond hat zwar helle und dunkle Flecken, in denen manche ein Mondgesicht erkennen, andere einen Hasen oder sonst etwas, je nach Phantasie, aber das ist auch schon alles. Immerhin haben einige kluge Leute vor der Erfindung des Fernrohrs auch an Gebirge oder Meere gedacht, z. B. der berühmte Maler Leonardo da Vinci.

Der hat übrigens auch etwas anderes am Mond schon richtig vermutet, das der Astronom Johannes Kepler 100 Jahre später ausführlich erklärt hat:

Am klaren Nachthimmel leuchtet nicht nur die schmale Mondsichel, sondern auch der dann eigentlich dunkle Teil des Mondes ein wenig. Probiere es mal, es klappt ganz gut, wenn die Sichel wirklich noch recht schmal ist und der Himmel schön dunkel. Dann ist der runde Rest des Mondes fahl und schwach ein wenig zu sehen. Warum? Natürlich wusste Leonardo da Vinci schon, dass der Mond nur leuchtet, weil er von der Sonne beschienen wird. Die Sonne steht bei Vollmond, wenn wir genau zum Mond schauen, in unserem Rücken und kann ihn deshalb voll bestrahlen. Bei Halbmond steht sie immer seitlich zum Mond. Das kannst du mit einer Taschenlampe als »Sonne« gut ausprobieren. Ein runder Lampenschirm oder ein Ball kann der Mond sein, wie das Bild hier zeigt. Je schmaler die sichtbare Mondsichel wird, desto »näher« ist der

Strahlt die Sonne von der Seite, sehen wir nur den »Halbmond« beleuchtet. Wenn sie aber mehr hinter der Erde steht, wird der ganze »Vollmond« sichtbar.

Mond an die Sonne gerückt. Sie bescheint ihn schräg von hinten, sodass nur noch ein kleiner beleuchteter Teil für uns sichtbar ist. Das meiste Licht der Sonne fällt dann auf die unsichtbare Rückseite des Mondes. Aber warum leuchtet dann der dunkle Mondteil trotzdem, wenn auch sehr schwach? Leonardo da Vinci und Kepler und danach auch Galilei wussten eine Antwort: Das ist das Licht der Sonne, das auf die Erde fällt und von der Erdoberfläche wieder hinauf zum dunklen Mondteil »gespiegelt« wird. Deshalb sehen wir ihn. Die Erde leuchtet also auch – sogar bis zum Mond hinauf. Nun ja, wie eben die Venus, der Mars und alle Planeten leuchten, obwohl sie selbst nicht strahlen. Das wollte kaum jemand bis zu Keplers und Galileis Zeiten glauben. Denn die Planeten Merkur, Venus, Mars, Jupiter, Saturn galten als Sterne und leuchteten von selbst, wie man glaubte. Aber die Erde, dieser Gesteins- und Meeresbrocken, nein, der konnte so etwas doch nicht. Seitdem uns die Weltraumfahrt Fotos von der leuchtenden Erde im All beschert hat, ist das nicht mehr so erstaunlich.

Warum sehen Sonne und Mond manchmal größer, manchmal kleiner aus?

Ist dir schon aufgefallen, dass Mond und Sonne immer viel größer aussehen, wenn sie gerade aufgehen oder untergehen? Hoch am Himmel erscheinen sie uns ein Stück kleiner. Das ist, du magst es glauben oder nicht, nur eine Täuschung, obwohl du es doch wirklich siehst. Sobald wir Sonne und Mond, beim Auf- und Untergang, mit Bergen, Bäumen oder Häusern vergleichen können, erscheinen sie uns sofort größer. Du kannst das am Mond ganz einfach beweisen. Nimm einen Bleistift und halte ihn so weit vor ein Auge – das andere kneife zu –, dass er den Mond am hohen Himmel gerade zudeckt *(mit der Sonne am hohen Himmel darfst du das auf keinen Fall probieren, das ist viel zu gefährlich für deine Augen, da kann man ganz schnell blind werden!).* Mach nun das gleiche Experiment, wenn der Mond nahe am Horizont steht, und du wirst sehen, du musst den Bleistift genauso weit vor das eine Auge halten, um den Mond zu verdecken. Er bleibt also gleich groß, auch wenn unser Gehirn das ganz anders vortäuscht.

Sonne und Mond erscheinen übrigens auch untereinander gleich groß. Miss mal mit deinem Stift die rote, untergehende Sonne am Abend – das darfst du, da ist sie nicht mehr gefährlich hell. Der Bleistift wird gleich weit vor deinem Auge stehen wie beim Mond. Die Sonne ist aber doch im Weltall viel, viel größer als der kleine Mond, etwa 400-mal größer! Sie ist eben auch viel weiter weg von uns, gerade 400-mal so weit, sodass sie uns am Himmel gleich groß erscheint.

Etwas anderes gibt es aber bei Sonnenuntergang oder -aufgang, das keine Täuschung ist: Die Sonne erscheint dicht über dem Horizont nicht mehr ganz kreisrund, sondern ein wenig zusammengequetscht, bevor sie untergeht oder gleich nachdem sie aufgegangen ist. Schuld daran ist die so genannte Knickung, wissenschaftlich: Brechung der Sonnenstrahlen, die am Abend oder Morgen einen langen, langen schrägen Weg durch die dicke Luftschicht über der Erde bis in deine Augen vor sich haben, viel länger als am Mittag, wo sie einfach senkrecht von oben zu dir hinunterfallen. Die Lichtstrahlen vom unteren Rand der Sonne müssen am Abend oder Morgen sogar noch ein Stück mehr Luft durchdringen als die vom oberen Rand der Sonne und werden deshalb stärker abgeknickt.

All diese Strahlen kommen in dein Auge. Das verlängert sie geradlinig zurück – es weiß ja nichts von dem Strahlenknick – und hebt so den unteren Sonnenrand hoch: Die eigentlich runde Sonne erscheint zusammengequetscht.

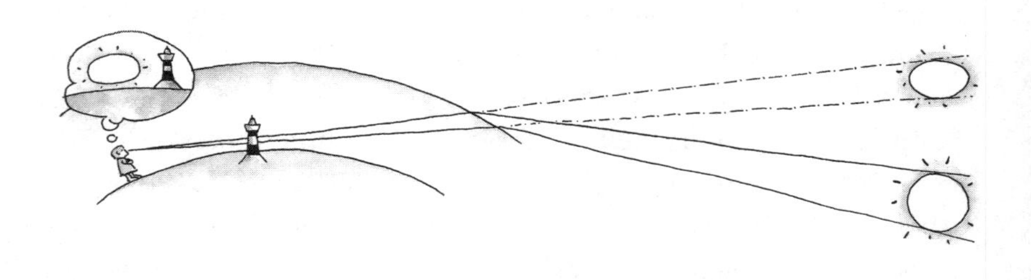

Die Sonnenstrahlen werden am Abend durch die Lufthülle der Erde abgeknickt, umso stärker, je länger ihr Weg durch die Luft ist. Unser Auge verlängert die Strahlen aber gerade zurück – und sieht die eigentlich schon untergegangene Sonne, sogar deutlich zusammengequetscht.

So sieht ein »untergehender« Teller aus - auch ein Stück zusammengequetscht.

Etwas Ähnliches kannst du ganz einfach im Waschbecken nachmachen: Nimm einen kleinen runden Teller oder drehe einen Zahnputzbecher so um, dass du nur den runden Boden siehst, und senke ihn langsam in das Wasser hinein. Wenn er zur Hälfte eingetaucht ist, wirst du ihn nicht mehr kreisrund sehen, sondern mehr oval. Die untere, eingetauchte Hälfte erscheint zusammengequetscht, wie bei der Sonne kurz über dem Horizont. Die Lichtstrahlen, die vom Teller kommen, werden abgeknickt, wenn sie aus dem Wasser heraus in die Luft darüber schießen.

Flecken auf der Sonne, mit Lochkamera oder Fernglasprojektor beobachtet

Jetzt habe ich einen Tipp für dich, wie du die gleißende Sonne tagsüber beobachten kannst. Auf jeden Fall gilt: *Nie mit den Augen hineinschauen*! Aber du kannst mit einer Stricknadel oder Ähnlichem ein kleines Loch in einen Karton bohren. Stelle den Karton in die Richtung der Sonne, sodass ihre Strahlen durch das kleine Loch fallen, und fange sie mit einem weißen Papier ein Stück dahinter auf. Verschiebe das Papier so lange, bis du ein ungefähr scharfes kleines Bild der Sonne bekommst. Du hast dann eine »Lochkamera« gebaut. Sie funktioniert wie eine richtige Kamera: Das Loch entspricht den Glaslinsen des Fotoapparats, das weiße Papier entspricht dem Film in der Fotokamera.
Ein schärferes Bild der Sonne bekommst du, wenn du statt des Kartonloches wirkliche Glaslinsen verwendest, z. B. euer Fernglas zu Hause. Halte eine der größeren Linsen (man nennt sie das Objektiv) in die Sonne und decke die anderen zu. Hinter die kleinere Lin-

se (man nennt sie das Okular) halte im Abstand dazu dein weißes Blatt Papier. Am besten klemmst du das Fernglas irgendwo in Richtung Sonne fest. Gegen Spätnachmittag steht die Sonne so niedrig, dass man es meist schräg auf einen Tisch oder Stuhl legen kann. Dann erhältst du ein größeres Bild der Sonne als durch die einfache Lochkamera. Um die Sonnenstrahlen wegzufangen, die rundherum um dein Fernglas auf das weiße Papier fallen und stören, kannst du um das Fernglas ein großes Stück Karton stülpen, in das du ein Loch für die eine große Linse des Fernglases schneidest. *Durch das Fernglas darfst du auf keinen Fall hindurchschauen. Das wäre noch viel gefährlicher als nur mit den bloßen Augen in die Sonne zu blicken! Du könntest sofort blind werden.*

Du kannst nun auf deinem Fernglassonnenbild, wenn du Glück hast, einige klitzekleine Sonnenflecken beobachten – als schwarze Pünktchen. Sie sind in Wirklichkeit natürlich sehr viel größer, größer als die ganze Erde. Auf ihnen ist es nicht mehr so heiß wie auf der übrigen weiß-gelb strahlenden Sonne, »nur« noch 4500 Grad

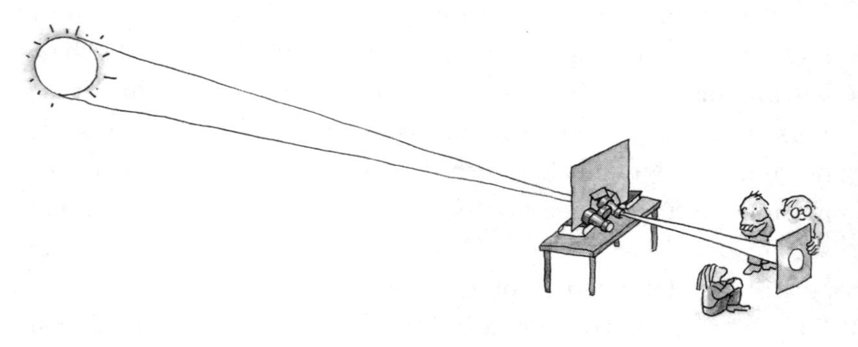

Die Sonne darf man nie direkt mit den Augen beobachten!! Man kann sie aber mit einem Fernrohr auf ein Blatt Papier projizieren.

statt 5500. Jedes irdische Material würde sofort verglühen und vergasen. Und trotzdem sehen sie dunkel aus, weil die Umgebung darum herum noch einmal 1000 Grad heißer ist und deshalb viel heller strahlt. Das ist schon seltsam: Ein 4 500 Grad heißes Feuer sieht dunkel aus, weil darum herum alles noch viel heller ist.
Alle 11 Jahre, im Jahr 2000, 2011 usw., brodelt es auf der Sonne besonders heftig, da explodieren riesige Gaszungen heraus und werden von irrsinnig starken Magnetfeldern hin und her geknetet. Dann gibt es auch besonders viele Sonnenflecken. Wenn du übrigens ein paar Tage später auf dein Sonnenbild blickst, sind die Sonnenpünktchen an einer anderen Stelle, weil sich die Sonne dreht, in ihrer Mitte in 25 Tagen einmal. Oben und unten, an ihren Polen, dreht sie sich übrigens viel langsamer, erst in 34 Tagen einmal. Das ist möglich, weil sie aus Gas besteht.

Polarlichter

Oft liest man, dass die Gasausbrüche der Sonne und die Sonnenflecken die Erde und uns Menschen beeinflussen. Der Mond soll auch auf uns wirken – etwa Schlafwandler bei Vollmond zum Spazierengehen auf dem Hausdach verführen.
Ob die Sonne auf diese Weise auf uns wirkt, ist sehr ungewiss. Nicht einmal die Polarlichter werden direkt von ihr beeinflusst, wie manche glauben. Polarlichter sind wunderschöne Leuchterscheinungen am Abendhimmel, wie riesige Lichtvorhänge, die hin und her wogen. Leider sind sie meist nur im hohen Norden zu sehen, z. B. in Schweden oder Norwegen. Das heißt, sie leuchten vor allem in der Nähe unserer Erdpole. Sie werden durch Elektronen,

das sind die kleinen negativ elektrischen Teilchen aus den Atomen, erzeugt. Diese Elektronen prasseln aus ein paar tausend Kilometern um die Erde herum in unsere Lufthülle hinein. Dort werden sie durch die magnetischen Kräfte der Erde geradewegs zu den Polen hin gesaugt und stoßen hier mit den Molekülen der Luft zusammen. Dabei fangen die Luftmoleküle zu leuchten an. Das macht übrigens unsere moderne Technik in jeder Leuchtstoffröhre so ähnlich, z. B. als bunte Reklame in der Innenstadt.

Wie wirkt die Anziehungskraft von Mond und Sonne auf die Erde?

Etwas ganz Wichtiges verändert die Sonne auf der Erde, stärker tut das allerdings der Mond. Weißt du das? Ein Tipp: Denke an das Meer. Was verändert sich bei manchen Meeren regelmäßig? Etwa an der Nordsee?

Da ist doch, sagen wir um 12.00 Uhr mittags, der Strand bis hoch hinauf mit Wasser bedeckt, und ein paar Stunden danach hat sich das Wasser zurückgezogen. Und dann kommt es wieder. Man nennt das Ebbe und Flut. An Ebbe und Flut ist in der Tat vor allem der Mond schuld. Er zieht mit seiner großen Masse, die uns ja viel näher als die Sonne ist, das Wasser an. Man nennt diese Anziehungskraft Schwerkraft, die übrigens auch Erde und Mond zusammenhält und die auch die Erde mit allen Planeten um die Sonne kreisen lässt. Wasser lässt sich natürlich viel leichter bewegen als ein ganzer Planet aus schwerem Gestein. Das kannst du mit einer Schüssel Wasser ausprobieren, die du hin und her bewegst: Sofort schwappt das Wasser auf und ab. In Richtung zum Mond schwappt das Wasser also auch hoch: Eine Flutwelle entsteht immer dort, wo der Mond ist. Und weil die Erde sich in 24 Stunden einmal herumdreht, muss auch die Flutwelle in 24 Stunden auf der Erde herumrollen. Sie will ja immer in Richtung Mond bleiben.

Nun kommt aber etwas Seltsames: Auf der dem Mond genau entgegengesetzten Seite der Erde entsteht auch eine Flutwelle – also gerade dem Mond abgewandt. Warum? Auf der entgegengesetzten Seite der Erde überwiegt nicht die Anziehungskraft des Mondes, dort ist er ja gar nicht, sondern die Fliehkraft des Wassers. Nicht nur der Mond kreist nämlich um die Erde, sondern auch die Erde bewegt sich ein ganz kleines Stückchen um den Mond. Genau genommen eiert sie nur um ihren Mittelpunkt tief im Erdinneren ein wenig herum. Und dadurch wird das Wasser auf der mondabgewandten Seite nach außen gedrückt, so als ob die Erde ein Auto wäre, das ständig in einer scharf gefahrenen Kurve kreist. Dabei werden wir als Autofahrer ja auch nach außen, an die Autowand, gepresst. Also gibt es zwei Flutwellen, eine zum Mond hin und eine auf der entgegengesetzten Erdseite vom Mond weg, d. h. also alle 12 Stunden eine! Und dazwischen ist Ebbe. Also sechs Stunden nach einer Flut kommt Ebbe, sechs Stunden danach wieder Flut usw.

Genau genommen sind es übrigens sechseinviertel Stunden, weil sich der Mond während der Erddrehung auch selbst ein Stück auf seiner eigenen Bahn weiterbewegt.

Und noch etwas stimmt nicht. Warum ist zum Beispiel auf der Insel Norderney nie Flut, wenn der Mond genau über ihr steht, sondern erst später? Der Mond zieht zwar das Meer an, aber es kann ihm nicht so schnell folgen, wie es möchte. Es »hinkt« hinterher, weil der Meeresboden abbremst. Und auch die Größe des Meeres und die Form des Landes sind wichtig: Bei kleinen Meeren, die ganz

vom Land eingeschlossen sind, gibt es Ebbe und Flut fast gar nicht, etwa an der Ostsee oder am Mittelmeer. Dort muss man beim Baden nie aufpassen!
Das ist also schon eine gewaltige Kraft, die der Mond ausübt. Sie kann unsere Weltmeere wie eine Suppenschüssel mit Wasser hin und her schütteln.
Die Sonne ist zwar 30 Millionen Mal schwerer als der Mond, zieht alles auf der Erde also auch 30 Millionen Mal stärker an. Sie ist aber 400-mal weiter weg! Ihre Anziehung auf das Wasser an der Erdoberfläche, ist etwa 400 x 400 x 400-mal geringer als die Anziehung des Mondes, das macht 64 Millionen. Die Sonne wirkt einerseits 30 Millionen Mal stärker als der Mond, andererseits 64 Millionen Mal schwächer. 64 geteilt durch 30 ergibt ungefähr 2. Das heißt, etwas mehr als zweimal stärker schwappt das Meerwasser durch den Mond hoch als durch die Sonne.
Wenn Mond und Sonne nun in einer Linie stehen, also bei Neumond (Sonne → Mond → Erde) oder bei Vollmond (Sonne → Erde → Mond), dann verstärken sich die Flutberge, die beide auf der Erde hochsaugen. Ebbe und Flut schwappen dann besonders stark hin und her. Es entstehen Springfluten, so sagt man. Ist der Mond auch noch ein Stück näher an der Erde als normal (er eiert ja auf seiner Bahn herum und ist deshalb manchmal näher und manchmal weiter von ihr entfernt) und kommen auch noch gefährliche Stürme dazu, dann können solche Springfluten schlimmstes Unheil an den Küsten anrichten.

Sonnen- und Mondfinsternisse

Das unheimlichste Ereignis an Mond und Sonne, das du mit bloßem Auge sehen kannst, kommt nun ganz zum Schluss. Das heißt, unheimlich war eine Finsternis von Mond oder Sonne für Jahrtausende in der Geschichte, weil niemand sich das erklären konnte: Warum verschwindet der helle Vollmond am Nachthimmel für etwa eine Stunde und wird dann ebenso unerklärlich wieder sichtbar? Nur der Vollmond macht ab und zu solches Versteckspiel, nicht der Halbmond oder irgendeine Mondsichel. Sie bleiben brav sichtbar. Oder noch unheimlicher: Am hellen, leuchtenden Tag wird die Sonnenscheibe immer mehr angefressen von irgendeinem rundlichen Untier. Sie leuchtet schließlich nur noch als Sichel. Das nennt man eine partielle (= teilweise) Sonnenfinsternis. Manchmal verschwindet die Sonne sogar ganz hinter diesem schwarzen rundlichen Untier. Fast glaubt man dann, ein schwarzes Loch stünde am Himmel. Das nennt man eine totale Sonnenfinsternis. Es wird dunkel wie in einer Vollmondnacht, doch nur für höchstens sieben Minuten, dann bricht das Sonnenlicht wieder hervor. Solch eine totale Sonnenfinsternis sieht man allerdings sehr selten. Schon öfter wird die Sonne teilweise angeknabbert.

Früher glaubte man, dass totale Sonnenfinsternisse ganz böse Zeichen für die Menschheit waren, noch schlimmer als Kometen. Aber schon die Babylonier konnten Mond- und Sonnenfinsternisse vorhersagen! Das haben die Priester natürlich ausgenutzt, indem sie Könige und Herrscher mit ihrem Wissen beeindruckten. Solche Finsternisse kommen nämlich recht regelmäßig. Man konnte sie in Listen eintragen und feststellen, dass sie sich in ganz bestimmten

Zeitabständen wiederholen. Richtig klappte das früher allerdings nur bei Mondfinsternissen.
Du kannst heute in Computerprogrammen oder in Astronomiejahrbüchern nachlesen, wann bei euch eine Finsternis zu sehen sein wird. Eine großartige totale Sonnenfinsternis über Süddeutschland hat es ja am 11. August 1999 gegeben – also gar nicht so lange her. Hast du sie beobachtet? Das war wirklich sagenhaft eindrucksvoll. Wenn du eine weitere sehen willst, musst du in Deutschland bis 2081 warten. Das ist eine Ewigkeit! Aber in anderen Ländern gibt es schon bald die nächsten – da kannst du ja vielleicht deinen Eltern eine Reise nach Afrika oder in die Türkei vorschlagen. Schon am 31. Mai 2003 gibt es eine – allerdings nur teilweise – Sonnenfinsternis in Deutschland, Österreich und der Schweiz, bei der von der Sonne nur eine schmale Sichel übrig bleibt. Das ist ganz früh bei Sonnenaufgang. Deshalb darfst du mit bloßen Augen hinschauen (aber nicht zu lange). *Sonst gilt immer: Auf keinen Fall direkt in die Sonne schauen!* Es sei denn, du kaufst eine Finsternisbrille, die das gefährliche Sonnenlicht hunderttausendmal abschwächt. Nur bei einer totalen Sonnenfinsternis und nur die paar Minuten lang, in denen die Sonne ganz hinter dem Mond verschwindet, darf man mit bloßen Augen schauen. (Tipp: Am Ende des Buches findest du eine Tabelle über alle Sonnen- und Mondfinsternisse bis zum Jahr 2020)

Wie entsteht eine Mondfinsternis?

Der Mond leuchtet, weil er von der Sonne angestrahlt wird. Und wenn sich irgendetwas vor die Sonne schiebt, wird der Mond eben verdunkelt. Dieses Irgendetwas ist die Erde. Ab und zu steht sie ge-

nau zwischen Sonne und Mond und verdunkelt ihn ganz. Und das passiert nur dann, wenn Vollmond ist: wenn also Mond, Erde, Sonne in einer Linie stehen. Jetzt müsstest du antworten, das kann doch nicht sein, denn wenn Vollmond ist, ist eben Vollmond und keine Mondfinsternis.
Vollmond gibt es, weil Mond, Erde, Sonne meist *nicht genau* hintereinander stehen. Die Erde steht ein wenig neben der Linie Mond – Sonne, d. h. die Sonnenstrahlen laufen an der Erde vorbei und beleuchten den Mond voll. Das kannst du mit Taschenlampe (= Sonne), Fußball (= Erde) und Tennisball (= Mond) nachmachen. Lege Taschenlampe und Tennisball fest irgendwohin, zum Beispiel die Taschenlampe ins Regal, den Tennisball auf den Tisch (bestrahlt von der Lampe). Dazwischen schiebe langsam deinen Fußball hinein. Wenn der Fußball genau zwischen Lampe und Tennisball hindurchgeht, wird der Tennisballmond dunkel. Wenn du ihn aber etwas darüber oder darunter durchschiebst, passiert nichts. Der Tennisball bleibt voll bestrahlt. Es ist Vollmond.

Auch bei Mondfinsternis leuchtet der Mond

Etwas kannst du leider mit dem vorigen Experiment nicht nachmachen: Der richtige Mond verschwindet bei Mondfinsternis gar nicht ganz im Dunkel des Nachthimmels, sondern leuchtet immer noch, schön rund, aber nur noch dunkel rötlich. Warum nun das? Also stimmen unsere Erklärung und unser Versuch doch nicht? Beides stimmt, aber etwas fehlt: Der Fußball hat leider keine Lufthülle um sich herum, wie das bei unserer Erde der Fall ist. Und durch diese Lufthülle strahlt das Sonnenlicht hindurch und wird ein wenig von seinem geradlinigen Weg umgelenkt oder abgeknickt – gebrochen sagt man. So etwas hast du ja schon bei der zusammengequetschten aufgehenden oder untergehenden Sonne kennen gelernt. Und dieses abgeknickte Licht wird wirklich so weit um die Erde herumgelenkt, dass es den Mond doch noch trifft. Das weiße Sonnenlicht besteht nun aus allen Farben des Regenbogens von Rot, Gelb, Grün bis Blau und Violett. Weil vor allem das rote Licht solche langen Wege durch die Luft mitmacht, während das blaue Licht am Himmel in alle Richtungen gestreut wird (und unseren Taghimmel blau macht), sehen wir den eigentlich verfinsterten Mond in diesem roten Licht leuchten, wie einen Lampion, einen Mondfinsternislampion. Übrigens: Aus dem gleichen Grund ist die Abendsonne rot. Nur das rote Licht macht noch den längeren Weg durch die Lufthülle mit.

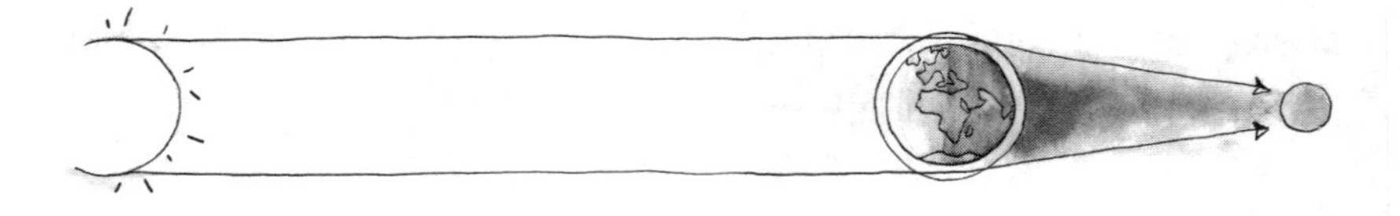

Eine Mondfinsternis entsteht, wenn die Erde das Licht der Sonne verdeckt (durch die Lufthülle wird aber »abgeknicktes« Licht zum Mond gelenkt – er leuchtet rot).

Wie entsteht eine Sonnenfinsternis?

Die Antwort findest du nun sicher selbst, wenn du sie nicht sowieso schon weißt: Was schiebt sich vor die Sonne und verdunkelt sie? Da du auf der Erde stehst und diese schwarze Sonne beobachtest – sie ist wirklich schwarz und nicht etwa rötlich –, bleibt nur noch

der Mond übrig. Er schiebt sich also manchmal zwischen Erde und Sonne. Er ist das Untier, das die Sonne auffrisst.
Und warum ist eine Sonnenfinsternis so viel seltener als eine Mondfinsternis zu sehen? Da der Mond ja um die Erde herumschwirrt, müsste er doch etwa genauso oft zwischen Erde und Sonne stehen wie die Erde zwischen Mond und Sonne gerät. Das stimmt auch. Aber der Mond ist viel kleiner als unsere Erde. Er kann die Sonne nur für einen kleinen Teil unserer Erdoberfläche verdecken – etwa 100 km breit. Darum herum scheint die große Sonne sozusagen am Mond vorbei auf die übrige Erde. Und ob in diesem 100 km breiten Streifen nun gerade München oder Frankfurt oder New York liegen, das ist eben Glückssache. Bei Mondfinsternissen dagegen verdeckt die ganze Erde, mit allen Menschen darauf, den Weg des Sonnenlichts zum Mond. Ein großer Teil der Menschheit, der dann gerade zum Mond hinaufschauen kann, kann deshalb die Mondfinsternis sehen.
Auch das kannst du übrigens mit unserem Versuch Taschenlampe, Fußball, Tennisball nachahmen. Die Taschenlampe lege wieder ins Regal, jetzt lege den Fußball fest auf den Tisch und schiebe den Tennisball langsam zwischen beiden hindurch. Am besten nimmst du eine Taschenlampe, die einen stark gerichteten Strahler hat, dann siehst du den Schatten deines Tennisballs (= Mond) schärfer auf deinem Fußball (= Erde). Wenn er nicht sehr deutlich ist, schiebe den Tennisball etwas näher an die Erde heran, dann siehst du auch, wie klein der Schatten auf der Erde werden kann. Das dürfen wir tun, denn die wirklichen Größen und Entfernungen im Weltall kannst du sowieso nicht nachahmen.
Die totale Verdunklung der Sonne ist wirklich ein grandioses Schauspiel. Für einige Minuten wird es so dunkel, dass man die

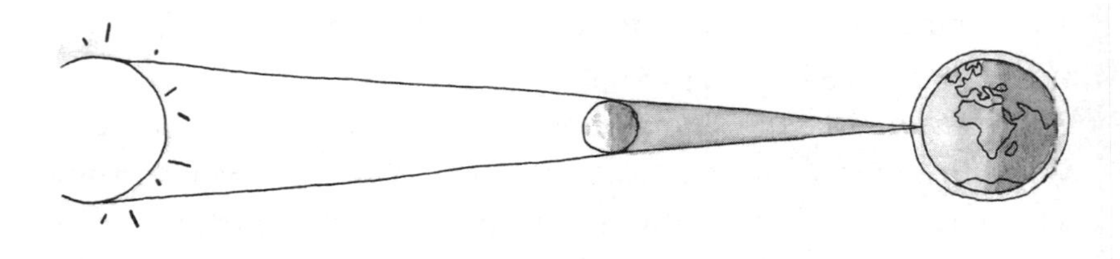

Bei einer Sonnenfinsternis deckt der Mond die Sonne zu. Leider reicht das nur für einen klitzekleinen Bereich auf unserer Erde.

Zeitung kaum noch lesen kann. Die Vögel verstummen und die Blüten schließen ihre Kelche. Es geht plötzlich ein kühler Finsterniswind und die ganze Natur ist in ein eigenartig fahles Licht getaucht: Um die schwarze Sonne leuchtet nun ein schwacher Strahlenkranz, die Korona. Das ist Gas, das Millionen Kilometer weit aus der Sonne ins All hinausgeschleudert wird. Und in 100 km Entfernung von dir, dort, wo keine Finsternis mehr herrscht, strahlt schwaches Licht, etwa auf die Wolken am Horizont.
Mit dem Fernglas kann man sogar am Rand der Sonne, besonders gut, wenn ihr Gas gerade stark herumbrodelt, also alle 11 Jahre, kleine Flammenzünglein sehen. Man nennt sie Protuberanzen. Sie schießen in Wirklichkeit in Bögen heraus, die viel größer als die ganze Erde sein können.
Schade wirklich, dass solch ein Schauspiel so selten auftritt und manchmal auch noch durch wolkenverhangenen Himmel zunichte gemacht wird: Dann wird es zwar stockdunkel, aber wie in einem besonders dunklen Gewitter. Das ist nicht so aufregend wie ein schwarzes Loch mit Strahlenkranz am Himmel.

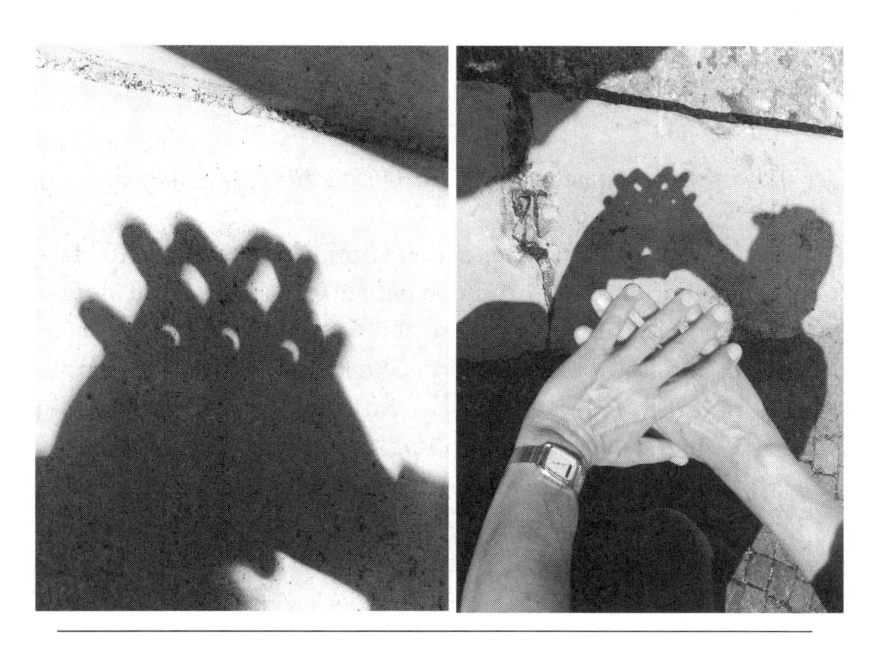

Wenn man am Beginn einer Sonnenfinsternis die gekreuzten Hände in die Sonne hält, sieht man am Boden, wie sich der Mond vor die Sonne schiebt: Die kleineren Lichtflecken sind plötzlich Sicheln (links). Ohne Sonnenfinsternis gibt es leider nur langweilige runde Fleckchen (rechts).

Kapitel 4

Der unbekannte Himmel – vom Fernrohr bis zur Weltraumfahrt

Heute wissen wir viel mehr über den Himmel als noch vor 400 Jahren: weil wir das Fernrohr erfunden haben! Galilei hat damit als Erster unglaubliche Entdeckungen am Himmel gemacht. Heute können wir sogar Radiowellen von fernen Sternen und Milchstraßen abhören – natürlich keine galaktische Musik oder Nachrichten von Außerirdischen (leider!), sondern Radiostrahlung, die von Atomen oder Molekülen ausgeschickt wird. Solche Radiostrahlung senden die geheimnisvollen Quasare aus, die entferntesten Dinge im Weltall, die wir sehen können. Aber auch Gase, die in unserer Milchstraße zwischen den Sternen herumschweben, senden solche Radiostrahlung aus, z. B. die Moleküle des Gases Wasserstoff. Wasserstoff ist das leichteste Gas der Welt. Wenn es sich aber mit Sauerstoff aus der Luft vermischt, verbrennt es sofort als »Knallgas« zu Wasser!

Sogar Röntgen- und Gammastrahlung kommt von unheimlich starken Himmelssendern zu uns, z. B. von den Resten gewaltiger Sternexplosionen, den so genannten Supernovae. Es ist schon erstaunlich, dass der Mensch nicht nur Röntgenröhren erfunden hat, mit denen er Röntgenstrahlen erzeugt, sie durch Menschen und Tiere hindurchschießt und so Knochenbrüche und andere Krankheiten erkennen kann, sondern auch besondere Teleskope, die Röntgenstrahlung direkt aus dem Weltall empfangen können. Auch damit kann man gewaltige »Knochenbrüche« im Weltall entdecken. Gott sei Dank kommt diese Röntgenstrahlung und die noch gefährlichere

Gammastrahlung (solche Strahlung kennen wir auf der Erde von Atombomben) nicht bis zum Erdboden durch. Sie wird durch die Lufthülle der Erde von uns fern gehalten und kann deshalb nur von Satelliten, die um unsere Erde kreisen, beobachtet werden.
Ja, und dann hat uns natürlich die Weltraumfahrt seit etwa 40 Jahren Planeten, Mond und Sonne sehr viel näher gebracht. Aber Raumschiffe und Weltallsonden reichen leider nur bis zu Pluto, dem fernsten Planeten. Sie fliegen Jahre bis dahin. Und zum nächsten Fixstern würden sie tausende von Jahren brauchen! Da sind natürlich Licht, Radiowellen und Röntgenstrahlen viel schneller – 300 000 km schaffen sie in einer Sekunde. In vier Jahren sind sie beim nächsten Fixstern. Raumsonden und Weltraumraketen müssen wir außerdem von der Erde losschicken und warten, bis sie irgendwann ankommen. Licht, Radiowellen und Röntgenstrahlen kommen dagegen von fernen Sternen und Milchstraßen freiwillig zu uns. Zwar brauchen die Radiowellen eines Quasars 10 Milliarden Jahre, bis sie uns erreichen (so weit ist er weg!), aber wir können ihn jeden Tag und jede Nacht beobachten, so wie er eben vor 10 Milliarden Jahren aussah. Radioastronomie muss übrigens nicht bis in die Nacht warten, um Sterne zu beobachten. Radiowellen kommen auch durch den sonnenblauen Himmel direkt zu uns. Und im Weltall, wo die Röntgen- und Gammafernrohre kreisen, gibt es sowieso keinen Tag und keine Nacht.

Galilei entdeckt einen neuen Himmel

Begonnen hat alles im Herbst des Jahres 1609, als Galileo Galilei in Padua in Italien sein neues Teleskop auf den Himmel richtete. Erfunden hat er es ja nicht selbst, das soll ein Herr Lippershey in Holland gewesen sein. Was Galilei am Himmel sah, war viel, viel mehr, als alle Menschen vor ihm je gesehen hatten:

- Der Mond hat Berge wie die Erde und viele Krater.
- Um den Planeten Jupiter kreisen vier kleine Leuchtpunkte: Das bewies, dass andere Planeten auch Monde besitzen, und gleich mehrere, während die Erde nur einen hat. Auch der Erdmond muss aus großer Entfernung wie ein kleines Lichtpünktchen aussehen, das um die Erde kreist.
- Die Milchstraße besteht nicht aus Milch, sondern aus vielen, vielen Sternen, mindestens zehnmal mehr als wir mit bloßem Auge sehen können.
- Die Planeten Jupiter, Mars, Venus sind nicht einfach besonders helle Lichtpunkte, die unter den übrigen Sternen herumwandern (Wanderer heißt ja auf Griechisch: Planeten), sondern Kugeln wie die Erde oder der Mond. Bei der Venus sieht man sogar Sichel, Halbvenus, Viertelvenus wie bei unserem Mond – je nachdem, wie sie gerade von der Sonne beschienen wird.
- Die Sonne zeigt auf ihrer Oberfläche kleine schwarze Flecken, ist also nicht so phantastisch vollkommen und edel, wie man noch vor Galilei glaubte.

Fernglas und Fernrohr

All das kannst du heute ganz einfach nachentdecken, wenn du durch ein Fernglas schaust, das so etwa zehnfache Vergrößerung hat. Achtfache geht vielleicht auch noch. Die Glaslinsen vorne, das

Objektiv, sollten aber schon mindestens vier bis fünf cm groß im Durchmesser sein. Aber Halt! Die Sonnenflecken darf man natürlich *auf keinen Fall* direkt durch das Fernglas anschauen! Man kann sofort blind werden. Auch Galilei hat ein Stück Papier genommen und das Bild der Sonne durch das Fernglas projiziert, so wie das im vorigen Kapitel beschrieben wurde.
Ein Fernglas ist ein Gerät, durch das man mit zwei Augen schauen kann. Ein Fernrohr dagegen besteht nur aus einem Rohr – man kann nur mit einem Auge beobachten. Dafür gibt es solche Fernrohre mit stärkerer Vergrößerung zu kaufen. Wenn du dir eines schenken lässt, sollte der Durchmesser des Objektivs mindestens 6 cm sein. Dann lohnt sich eine Vergrößerung von etwa 60-mal, vielleicht auch etwas mehr. Bei 10 cm Durchmesser wären es also 100-mal. Viel mehr Vergrößerung, auch wenn manche Firmen damit protzen, bringt nichts. Nur bei hellen Objekten wie dem Mond kann man auch ein Stück über unsere Faustregel hinausgehen.

Mondgebirge und Krater

Wenn du durch dein Fernglas oder Fernrohr auf den Mond schaust, am besten auf den Rand des Mondes bei Halbmond oder Viertelmond, wirst du sofort deutlich die vielen Berge oder Krater sehen, die Galilei mit ihren Schatten als Erster gezeichnet hat. Zeichne mal selbst einen solchen Krater nach, mit einem Auge dabei am Fernrohr, mit dem anderen über dem Zeichenpapier, so wie das auch Galilei gemacht hat. Das ist gar nicht so einfach.

Jupitermonde

Wenn du den Jupiter beobachtest, stütze dein Fernglas am besten auf einem Gartentisch oder Zaunpfahl ab, damit es nicht in deiner Hand zittert. Vorher musst du natürlich wissen, ob Jupiter gerade am Himmel steht. Vielleicht bist du aber auch aus unserem zweiten Kapitel schon so fit und weißt ungefähr, wann er da ist. Du kannst aber auch in einem astronomischen Jahrbuch nachlesen oder im Internet oder du rufst bei einer Volkssternwarte oder bei einem Planetarium in deiner Nähe an.

Jupiter wird dir am Nachthimmel sofort auffallen, weil er ganz besonders hell und ruhig strahlt und nicht in der Nähe der untergegangenen Sonne steht. Dann wäre es nämlich die Venus. Und wenn er rötlich leuchtet? Richtig, dann wäre es der Mars. Und wenn er nicht so hell, aber ruhig strahlt? Dann ist es Saturn. Du brauchst nur in Gedanken die Bahn zu verfolgen, auf der die Sonne tagsüber am Himmel gelaufen ist. Ungefähr dort laufen auch die Planeten.

Wenn du Jupiter erwischt hast, wirst du durch das Fernglas sofort zwei, drei oder vier kleine Leuchtpunkte sehen, die ungefähr in gerader Linie um ein helles, kleines Scheibchen stehen – wie Punkte in einer Zeile links und rechts neben einem kleinen o, etwa so: . o . . . Ein paar Stunden später haben sich diese Punkte schon verschoben. Du siehst also wirklich alle vier Galileischen Monde, wie man sie nennt. Sie heißen übrigens – von innen nach außen – Io, Europa, Ganymed und Kallisto. Und am nächsten Abend sieht die Reihe wieder anders aus. Wenn du das für jeden Abend aufzeichnest, wie das auch Galilei getan hat, wirst du schnell herausfinden, dass jeder der Punkte von rechts nach links und wieder zurück wandert. Du musst dir nur einen bestimmten Punkt merken.

Bitte mal jemanden, er soll unseren Tennisball – oder besser eine kleine Murmel – auf dem Tisch im Kreis herum rollen. Du kniest dabei vor dem Tisch nieder und schaust genau über die Tischkante auf den Ball oder die Murmel. Dann scheinen sie auch vor deinen Augen nur hin und her zu wandern. Aber in Wirklichkeit kreisen sie! Das war auch Galilei sofort klar und es war ein besonderer Triumph für ihn: Er hatte neue »Planeten«, so sagte er, entdeckt, die außerdem nicht um die Erde kreisten, wie es die Griechen von allen Planeten behaupteten, sondern um Jupiter.

Milchstraße, Andromedanebel und andere Sternhaufen

Nun richte dein Fernglas mal auf ein Stück schillernde Milchstraße, z. B. in der Nähe des Sternbilds Schwan oder im Winter in der Nähe des Orion. Du wirst überwältigt sein, wie viele Sterne da herunterschimmern, wie Sand am Meer oder besser, wie eine schwarze Samtkassette mit tausenden von Edelsteinen. Natürlich ist es nun mit dem Fernglas einfach, unser Reiterchen, den Stern Alkor, auf der Deichsel des Großen Wagens zu beobachten. Alkor steht plötzlich ganz schön weit entfernt von seinem Deichselstern Mizar. Noch eindrucksvoller zeigt uns das der harte Augentest beim Stern Wega im Sommerdreieck: Die zwei kleinen Epsilon-Sterne sind plötzlich im Fernglas brav getrennt. Bei vielen Sternen wirst du überhaupt erst erkennen, dass sie eigentlich aus zweien bestehen. So ist der Deichselstern Mizar selbst wieder ein Doppelstern. Die zwei Sterne erkennst du aber nur mit einem stark vergrößernden Fernglas oder einem kleinen Fernrohr. Probiere es auf jeden Fall mal.

Auch der Andromedanebel, unsere Nachbarmilchstraße, ist nun besser zu erkennen – wenn der Himmel ganz dunkel ist. Den kleinen Orionnebel, der ja ein wirklicher Nebel ist, kann man überhaupt erst mit dem Fernglas einwandfrei sehen. Und toll ist die Beobachtung von einigen Kugelsternhaufen. Diese Pakete von Sternen, von einigen hundert bis zu zehntausenden, sehen wie Wattebäusche aus, die nach außen in lauter Lichtpünktchen zerfallen. Stelle mal – in Gedanken – auf unserem Sommerdreieck der Sterne Deneb, Wega und Atair oben auf der Wega eine Fahnenstange auf, etwa so lang wie das Dreieck hoch ist. Dann findest du am Ende der »Fahnenstange« einen wunderschönen Sternhaufen. Er heißt ganz trocken: M13.
Wenn unsere Sonne als Stern im Zentrum eines solchen Kugelsternhaufens stünde, hätten wir einen Himmel über uns, an dem lauter hellste Diamanten leuchteten, so hell wie der Sirius oder noch heller.

Saturnring und Venussichel

Vielleicht die zauberhafteste Entdeckung am Himmel ist der Ring um den Saturn. Leider reicht ein Fernglas nicht aus, ihn zu sehen. Du brauchst schon ein Fernrohr mit mindestens 30- bis 40-facher Vergrößerung. Dann schwebt plötzlich um das kleine helle Scheibchen des Riesenplaneten der berühmte Ring – sehr klein zwar auch, aber viel aufregender als auf allen noch so schönen Fotos. Auch die Venus als Mondsichel oder Halbvenus kannst du mit solch einem Fernrohr gut beobachten. Mit einem großen Fernglas (10-fache Vergrößerung) geht es gerade ein bisschen.

Die größten Fernrohre der Welt

Galileis Fernrohr war übrigens nicht viel besser als dein modernes Fernglas. So konnte er den Saturnring noch nicht erkennen. Er hatte vielleicht zwanzigfache Vergrößerung, aber längst nicht so gute Linsen wie du. Er musste sie alle mit der eigenen Hand schleifen!
Heute gibt es längst Riesenfernrohre, die viel, viel besser sind als all die einfachen Anfänge bei Galilei. Moderne Fernrohre können Sterne bis zu zehntausendmal vergrößern. Seit etwa 100 Jahren benutzt man übrigens kaum noch Fernrohre mit Glaslinsen, sondern so genannte Spiegelteleskope. Sie haben statt Linsen eine Art riesigen Rasierspiegel – die vergrößern ja auch. Bis vor einigen Jahren war das wichtigste Fernrohr der Welt das 1950 gebaute auf dem Berg Palomar in den USA. Der Spiegel dieses Fernrohrs hat einen Durchmesser von fünf Metern.
Das größte Observatorium heute steht auf einem hohen Berg in Chile: Hier spiegeln bald vier Fernrohre, jedes mit 8 m Durchmesser, das ferne Sternenlicht in Kameras und Computer. Weil es so teuer ist, haben sich mehrere europäische Staaten zusammengeschlossen, um es zu bauen. Man nennt es VLT (auf Englisch: *V*ery *L*arge *T*elescope = sehr großes Fernrohr).
Dann gibt es noch das Weltraumteleskop Hubble, benannt nach dem amerikanischen Astronomen Edwin Powell Hubble, der vor mehr als 70 Jahren nachgewiesen hat, dass alle Galaxien im Weltall rasend schnell voreinander fliehen. Darüber erzähle ich noch. Das Teleskop Hubble wurde von einer amerikanischen Raumfähre in eine Umlaufbahn um die Erde geschickt – das erste Teleskop im Weltall für sichtbares Licht. Es hat zwar »nur« einen Spiegel von 2,4 m Durchmesser, doch keine Luft um die Erde stört es, die Sterne

Ein Riesenspiegel des VLT, des großen europäischen Teleskops, kurz bevor er verpackt und nach Südamerika verschifft wurde.

blinken nicht mehr. Auf der Erdoberfläche schluckt außerdem die Luft einen Teil des Sternenlichtes weg. Hubble hat diese Probleme nicht, deshalb kann es ganz schwache, ganz ferne Sterne besonders gut beobachten.

Vielleicht hast du schon einmal Fotoaufnahmen von Hubble oder von einem modernen Spiegelfernrohr gesehen. Hier zeige ich ein Bild, das das erste 8-m-Fernrohr des VLT gemacht hat: Es zeigt zwei Galaxien, die sich so nahe kamen, dass die eine mörderisch verbogen wurde. Milchstraßen, d. h. Galaxien, lassen sich mit solchen Fernrohren besonders gut entdecken und fotografieren. Auch ihre Entfernung bestimmt man mit ihnen und ihre Geschwindigkeit.

Kampf im Weltall: Die kleine elliptische Galaxie – oben – hat die große durchquert und ihr den linken Arm gewaltsam »abgebrochen«.

Lohnt sich ein kleines Spiegelfernrohr für dich?

Es gibt kleine Spiegelteleskope, mit z. B. 10 cm Durchmesser, günstig zu kaufen. Aber ein Linsenfernrohr ist für dich, wenn du nur so ein paar Mal Sterne beobachten willst, billiger und einfacher zu handhaben.

Ein Raketenflug durch unser Sonnensystem

Viel aufregender als ein Fernrohr ist natürlich eine Rakete. Leider gibt es keine kleine, billige für dich, mit der du Planeten erforschen könntest. Aber in Gedanken darf man alles, sogar eine Privatrakete erfinden. Wir lassen sie aus Spaß beim fernen *Pluto* starten.
Von hier aus gesehen ist die Sonne so weit weg, dass sie nur noch als ganz heller Stern erscheint. Es ist ewige Nacht auf Pluto! Ein Plutomorgen heißt also nur: Ein hellerer Stern erscheint zu allen übrigen dazu – die ferne Sonne. Sie geht am Plutoabend, nach mehr als drei Erdentagen übrigens, wieder unscheinbar unter.
Von Pluto wissen wir als einzigem Planeten noch recht wenig, außer dass er der kleinste Planet unseres Sonnensystems ist, die Erde ist fünfmal größer. Noch keine Weltraumsonde hat ihn nahe genug angeflogen. Du könntest also mit deiner Privatrakete einiges Neue entdecken. Seine Oberfläche besteht aus Methaneis und ist ungeheuer kalt – minus 230°C , bald schon so kalt wie das Weltall selbst. Pluto hat einen Mond, Charon. Vielleicht sind Pluto und der halb so große Charon gar nicht Planet und Mond, sondern selbstständige Kleinvagabunden, die bei der Geburt unseres Sonnensystems nicht, wie alle anderen, von den großen Planeten eingefangen und eingebacken wurden.
Ist dir richtig kalt und düster geworden? Dann fliegen wir weiter, in unser Sonnensystem hinein. Welchen Planeten erreichen wir? Richtig: *Neptun.* Er wurde durch die Weltraumsonde Voyager 2 besucht. Man nennt ihn Großplanet, wie auch Uranus, Saturn und Jupiter, die allerdings noch viel größer sind. Neptun ist schon 4-mal so groß wie unsere Erde. Auch er ist noch superkalt: minus 220 °C. Er hat eine »Lufthülle« aus Wasserstoff, Helium und Methan. Wasserstoff ist

Jupiter und Saturn sind die Riesenplaneten in unserem Sonnensystem, Pluto und Merkur sind die Minis. Gegen die Sonne sind sie alle nur Murmeln und Sandkörner.

das leichteste Gas überhaupt. Das erzählten wir schon. Weil es so leicht mit Sauerstoff aus der Luft zu Wasser verbrennt, füllt man große Luftballone, z. B. Zeppeline, heute mit unbrennbarem Helium, es ist das zweitleichteste Gas. Methan kennen wir auf der Erde z. B. aus Kohlebergwerken; dort heißt es Grubengas und ist sehr gefährlich, weil es mit Luft zusammen auch leicht explodieren kann.
Neptun besitzt übrigens vier Staubringe, viel feiner als die berühmten Ringe des Saturns. Deshalb wurden sie erst vor einigen Jahren entdeckt und von Voyager 2 genauer untersucht und fotografiert. Wir kennen heute sage und schreibe acht Monde von Neptun. Der größte davon, Triton, ist größer als der Planet Pluto und etwas kleiner als unser Erdmond. Er hat sogar eine Atmosphäre.
Der nächste Planet, *Uranus,* ist etwa so groß wie Neptun. Auch er hat ein dünnes Ringsystem und sogar 15 Monde. Aber viel interessanter

als er erscheint uns *Saturn,* der zweitgrößte Planet unseres Sonnensystems. Er ist fast zehnmal größer als die Erde. Dabei dreht er sich zweimal so schnell wie unser Heimatplanet. Ein Saturntag von Morgen bis Abend dauert nur etwas mehr als 5 Stunden. Saturn sieht gar nicht mehr wie eine richtige Kugel aus, sondern eher wie ein liegendes Ei. Wegen der schnellen Drehung wird er nämlich an seinem Äquator besonders stark auseinander gezogen – durch die Fliehkraft.
Wir kennen bei Saturn 18 Monde. Der größte davon, Titan, ist halb so groß wie unsere Erde! Er hat sogar eine sehr dichte Atmosphäre, mit viel Staub vermischt und ohne Sauerstoff. Leben können wir also nicht auf ihm, zumal es unschön kalt bleibt: minus 179°C.
Im Jahre 2004 wird ihn die Weltraumsonde Cassini erreichen. Das wird sehr spannend werden, denn zum ersten Mal soll ein irdisches Gefährt auf einem fremden Mond landen. Cassini hat nämlich die Landesonde Huygens huckepack mitgenommen: Sie soll die Atmosphäre von Titan und seine Oberfläche untersuchen. Vielleicht ähnelt alles dem Urzustand auf unserer Erde? Dann könnte vielleicht primitives Leben dort entstanden sein.
Saturn besteht übrigens, wie alle anderen Großplaneten, nicht aus Gestein, sondern aus Gasen, vor allem Wasserstoff, die teils flüssig oder sogar fest sind. Er ist dabei als einziger Planet so »leicht«, dass er auf Wasser schwimmen würde – wenn man eine solch große Badewanne hätte, um das auszuprobieren. Das Tollste an Saturn sind aber seine phantastischen Ringe. Sie bestehen aus Staub, Eis, gefrorenen Gasen und Gesteinsbrocken. Es ist gefährlich, da hindurchzufliegen!
Und nun kommen wir zum König aller Planeten, dem obersten Gott der Griechen und Römer, dem absoluten Riesenplaneten, *Jupiter.* Auch von ihm aus gesehen ist die Sonne noch recht klein, so fern

steht er von ihr: Fünfmal so klein wie an unserem Himmel leuchtet sie auf diesen Riesen herab. Er ist etwa 11-mal so groß wie die Erde. Aber viel öfter, 11 x 11 x 11-mal, würde sie in ihn hineinpassen, wenn er hohl wäre. Wie oft also? Ja, 1331-mal. Jupiter hat wie Saturn eine dichte Wolkenatmosphäre aus Ammoniak und anderen Gasen – nur die können wir beobachten. In ihr toben mitunter gewaltige Stürme. 16 Monde hält er um sich gefangen. Ganymed ist der größte, der allergrößte im Sonnensystem überhaupt – noch ein Stückchen größer als Titan beim Saturn. Der interessanteste Mond aber ist Io, er hat immerhin noch ein Drittel der Größe der Erde. Die Weltraumsonden haben acht aktive Vulkane auf ihm entdeckt! Ein Vulkanausbruch schleuderte Dreckfontänen 270 km hoch.

Und dann lassen wir diese fernen Regionen unseres Planetensystems hinter uns – die Sonne wird langsam größer und größer und schließlich fliegen wir an *Mars* vorbei. Er ist nur halb so groß wie unsere Erde. Wir sehen auf seiner Oberfläche ausgetrocknete Flussläufe, Meteoritenkrater und hohe Berge. Der höchste Berg, der Vulkan Olympus Mons, ist 24 000 m hoch – also knapp dreimal so hoch wie Mount Everest, der höchste Berg der Erde. Er hat einen Durchmesser von 600 km, fast ganz Deutschland könnte er zudecken.

Die Temperaturen auf Mars sind schon wohnlicher, mitunter sogar 22°C. Seine Sand- und Felsflächen sind mit viel Eisenoxid versetzt. Das ist so etwas wie Rost auf unserer Erde (deshalb also die rötliche Farbe!).

Mars hat nur eine sehr dünne Atmosphäre, auch ohne Sauerstoff. Riesige Sandstürme treiben mitunter Staubfahnen überall hin – ohne Radarantennen würde man nur noch blind herumwandern.

Zwei klitzekleine Monde umkreisen ihn, Phobos und Deimos, mit 23 und 12 km Durchmesser. Die wären etwas zum Wochenend-

wandern! Bei jedem Schritt würden wir allerdings ein paar Minuten in der Luft schweben, bis wir wieder sanft »herunterfallen«. So schwach ist die Schwerkraft auf diesen kleinen Weltallbrocken. Wenn sie ganz rund wären, könntest du sogar mit dir selbst Tennis oder Federball spielen. Wenn du genau die richtige Geschwindigkeit erwischtest, sauste der Ball um den Mond herum und käme auf der anderen Seite wieder zurück. Bei Phobos würde das in weniger als drei Stunden passieren – also doch etwas zu langweilig für ein Tennisspiel. Aber Phobos und Deimos sind sowieso nicht rund, sondern sehen eher wie riesige Kartoffeln aus.
Und nun fliegen wir an unserer *Erde* vorbei mit ihren weißen Wolken und blauen Ozeanen und nähern uns der *Venus.* Auch hier versperrt uns, wie bei Jupiter, eine dichte Wolkendecke den Blick tiefer nach unten. Im Gegensatz zu den Großplaneten ganz aus Gas hat Venus aber eine feste Oberfläche. Man kann also auf ihr landen. Das hat die Raumsonde Magellan getan. Doch ohne Radarstrahlen hätte sie auf der Oberfläche nichts gesehen. Ihr Radar zeichnete uns die Berge, Täler und Ebenen der Venusoberfläche auf. Die dicke Suppe aus Kohlendioxid und Stickstoff, die dort alles umgibt, hat übrigens einen mörderischen Druck, 90-mal höher als auf der Erde. Wir würden wie in einem Schraubstock zusammengepresst und zerdrückt werden. Dazu ist es unangenehm heiß: bis über 400°C! Ein Supertreibhaus. Kein Leben kann so etwas aushalten.
Und schließlich endet unsere Planetenreise bei *Merkur*, fast dreimal näher an der Sonne als wir, ein Krater- und Wüstenplanet. Der glutheiße Sonnenball, auch dreimal größer am Merkurhimmel als bei uns, erzeugt aber nicht größere Hitze als auf der Venus. Merkur hat keine Atmosphäre und kann deshalb viel Son-

nenwärme zurück ins Weltall strahlen. In der Merkurnacht wird alles tief gefroren, bis fast minus 200°C. Übrigens dauern Merkurtag und -nacht vom Aufgang der Sonne am Morgen über Sonnenuntergang bis zum erneuten Sonnenaufgang zwei Merkurjahre, das sind 176 Erdentage. Die Sonne zieht am Merkurhimmel sehr langsam entlang, läuft sogar rückwärts, wird um mehr als die Hälfte größer, dann wieder kleiner. Schon seltsam! Warum? Weil sich eben ewig langer Merkurtag und Merkurjahr untrennbar vermischen.

Vagabunden im Sonnensystem, die Planetoiden oder Asteroiden

Noch etwas Besonderes im Sonnensystem habe ich unterschlagen. Zwischen dem Jupiter und dem Mars, vor allem dort, gibt es unzählige Gesteinstrümmer, Felsbrocken und »Kleinmonde« von 10, 20, 30, 40 m Durchmesser, also groß wie ein Hochhaus, bis zu fast 1000 km Durchmesser, so groß wie ganz Spanien. Sie heißen *Planetoiden oder Asteroiden.* Im Jahr 1801 wurde Ceres als Erster von ihnen als Lichtpünktchen im Fernrohr entdeckt – von einem sizilianischen Astronomen. Der hat ihm den Namen der Schutzgöttin Siziliens gegeben. Ceres ist 932 km groß. Da könnte man auf der Vorder- und Rückseite Deutschland sehr bequem zweimal unterbringen und noch ein paar andere europäische Länder dazu. 1991 hat die Raumsonde Galileo die ersten nahen Fotoaufnahmen von solchen Vagabunden geliefert. Sie sehen so ähnlich aus wie Phobos und Deimos, riesige Kartoffeln, überhaupt nicht rund, mit Kratern übersät – ungemütliche Inseln im Weltall. Übrigens könnte man von solch kleinen Weltraumgesellen ganz ein-

Viele Planetoiden oder Asteroiden sind gewaltige Trümmer. Das erkennt man im Vergleich zu den unten gezeichneten höchsten Bergen der Erde. Der große runde Planetoid heißt Ganymed und ist 40 km dick.

fach ohne Rakete starten. Bei einem 30-km-Planetoiden würde schon ein Sprung mit einem Auto über eine Rampe ausreichen: Wir würden auf Nimmerwiedersehen im All entschwinden.

Kann ein Asteroid auf die Erde stürzen?

Nicht alle Planetoiden und Asteroiden bleiben schön brav zwischen Mars und Jupiter, einige wenige queren sogar unsere Erdbahn. Könnten sie der Erde gefährlich werden? Etwa 10 000 kennen wir heute mit ihren Bahnen. Von ihnen scheint keiner der Erde so nahe zu kommen, dass er auf sie herunterstürzen würde. Hoffen wir es! Es gibt aber viel, viel mehr solcher Brocken. Die kann man nicht alle genau beobachten. Und gäbe es einen, mit nur 1 km Durchmesser, der auf uns herunterfiele, wäre es eine Weltkatastrophe. Tausende von Jahren und noch mehr ist das allerdings gut gegangen.

Wie können wir uns gegen solch eine Gefahr schützen? Wichtig ist es zunächst, immer genauere Beobachtungen durchzuführen, sodass man auch kleinere Himmelsvagabunden frühzeitig entdecken und vorausberechnen kann.

Und wenn wir einen gefährlichen finden, sagen wir, nicht größer als 10 km? Dann schicken wir eine Rakete mit Atom- und Wasserstoffbomben dahin. Die explodieren über der Oberfläche. Heiße Steine, Dreck und Staub werden dabei aus dem Asteroiden herausgerissen und in Massen weggeblasen. Der Asteroid erhält einen Rückstoß – wie eine Rakete, aus der heiße Gase nach hinten ausgestoßen werden. Er ändert seine Geschwindigkeit ein wenig und schlägt eine andere ungefährliche Bahn ein. Die Erde wäre gerettet. Dann wären die fürchterlichen Atomwaffen doch zu etwas nütze in der Welt. Und die Weltraumfahrt hätte neue Helden, Astronauten, die die Bomben auf den Asteroiden bringen müssten. Doch vielleicht geht das auch mit unbemannten Raumraketen. Aber ausprobiert hat das noch niemand – Gott sei Dank! Mit Atombomben an Bord zum Weltraumflug zu starten ist auch für die Erde sehr gefährlich. Was passiert, wenn der Start misslingt und die Rakete explodiert?

Der Halleysche Komet wurde gefilmt

Der berühmte Komet Halley ist 1986, als er uns das letzte Mal besuchte, von mehreren Weltraumsonden angepeilt worden. Die europäische Raumkapsel flog am nächsten heran, bis auf 600 km. Sie hieß Giotto. Erinnerst du dich, Giotto ist der italienische Maler, der vor 700 Jahren diesen Kometen als Stern von Bethlehem gemalt hat. 1986 war die erste Gelegenheit in der Geschichte, einen dieser »Unglücksboten« so nahe zu sehen und zu erforschen. Man konnte ihn richtig, sogar im Fernsehen, dabei beobachten, wie er im Weltall herumtrudelte und leuchtendes Gas und Dreck ausspuckte. Die Bilder zeigten : Er ist etwa 15 km lang und 8 km breit und hoch – eine längliche Knolle aus Wassereis mit Staubpartikeln durchmischt, eine Art schmutziger, aber federleichter Schneeball. Leider hat ihn eine schwarze Kruste ganz zugebacken. Er dreht sich, wie ein Planet, auch um sich selbst. Ein Tag ist etwas mehr als doppelt so lang wie bei uns.

Das Eindrucksvollste auf allen Bildern, die Giotto zur Erde funkte, war natürlich der leuchtende Kometenschweif aus Staubfontänen und Gas, der aus dieser Weltraumknolle herausschlug. Der Schweif von Kometen ist ja immer von der Sonne weg gerichtet und nur in der Nähe der Sonne besonders stark. Es ist die Sonne selbst, die ihn erzeugt. Ihr »Sonnenwind« aus atomaren Teilchen trifft die Kometen und schlägt aus ihrer leicht zerstörbaren Eisdreckmasse solche Schweife heraus. Der Komet wird dabei Stück für Stück kleiner. Bei jedem Erscheinen, also alle 75 Jahre, wird Halley schlanker, um etwa 6 m. Na, gut gerechnet hat er also noch 100 000 Jahre vor sich, bis nichts mehr übrig bleibt. Es sei denn, er zerbricht schon vorher in einzelne Stücke.

Kometenexplosion auf Jupiter

Im Juli 1994 schlug der Komet Shoemaker-Levy – ein komplizierter Doppelname, so hießen seine zwei Entdecker – auf dem Jupiter ein. (Vielleicht war es auch ein Asteroid!) Er hatte die Sonne alle zwei Jahre umrundet. Schon 1992, bei seiner damaligen größten Annäherung an Jupiter, hatte ihn der Riesenplanet durch seine Kräfte in 21 Stücke zerbrochen. Die sausten nun weiter im Sonnensystem herum, das größte davon etwa 3 km groß. Astronomen konnten damals den weiteren Weg so genau berechnen, dass sie die Zeit des Einschlags auf Jupiter vorhersagten. Und alle Welt richtete die Teleskope auf Jupiter. In der Tat, im Juli 1994 sahen schon größere Amateurfernrohre – auch das Fernrohr im Deutschen Museum – die dunklen Einschlagflecken des Kometen in der Atmosphäre des Jupiter. Das war beeindruckend. Wer sieht schon je einen Kometen einschlagen! Suche mal im Internet unter NASA und Shoemaker-Levy – da findest du all die großartigen Bilder von damals, die schönsten natürlich von Weltraumsonden aufgenommen. Natürlich ist Jupiter viel, viel größer als unsere Erde und kann deshalb solche Vagabunden leichter einfangen – Gott sei Dank für uns! Inzwischen gibt es sogar Filmaufnahmen vom Einsturz von Kometen direkt über der Sonne – die ist eben noch viel massiger als Jupiter. Leider sieht man nichts mehr vom Einschlag auf der gleißenden Sonnenoberfläche selbst, da war Shoemaker-Levy schon eindrucksvoller.

Woher stammen die Kometen?

Kometen tauchen immer mal wieder am Himmel auf. Wenn du davon erfährst, zum Beispiel aus der Zeitung, suche sie mit deinem Fernglas oder Fernrohr. Die Schweife sind darin auch viel prächtiger zu erkennen als mit dem bloßen Auge. Sie können bis zu 100 Millionen km lang werden – fast so lang wie der Abstand Erde – Sonne. Unglaublich! Oft ist der Schweif in einen leicht gekrümmten Teil und einen ganz geraden aufgeteilt. Der gekrümmte besteht vor allem aus Staub, der gerade aus elektrisch geladenen Atomen, man nennt sie Ionen.
Woher kommen eigentlich all diese Kometen? Man glaubt heute, dass vor etwa 5 Milliarden Jahren, als unser Sonnensystem aus einer Gas- und Dreckscheibe geboren wurde, viele kleinere Trümmer aus dem riesigen Materiestrudel auf ganz, ganz weite Bahnen geschleudert wurden, bis zum Rand unseres Sonnensystems in etwa einem Lichtjahr Entfernung. Das sind ja 9,5 Billionen km, weit, weit außerhalb noch der Bahn von Pluto. Dort bilden sie noch heute eine riesige Wolke aus Kometenkernen, die in einem großen Kreis langsam um die Sonne ziehen. Einige Millionen Jahre brauchen sie schon, um ganz herumzukommen. Dabei können die nächsten Fixsterne, die ja schon ab vier Lichtjahren Entfernung folgen, ab und zu einzelne Vagabunden aus dieser Wolke herauslenken, sodass sie zunächst langsam, dann immer schneller immer näher auf unsere Sonne zustürzen und schließlich als neue Kometen in unseren Fernrohren auftauchen, bis sie genauso wieder verschwinden. Sie sind Urzeugen aus den Anfängen unseres Sonnensystems. So muss damals alle Materie ausgesehen haben.

Wie kann man fernste Sterne erforschen?

So großartig moderne Fernrohre auch sind – ferne Fixsterne, das sind ja ferne Sonnen, sind so weit entfernt, dass man sie doch nicht einfach untersuchen kann. Der nächste Fixstern, Alpha-Proxima-Centauri, ist 300 000-mal weiter weg als unsere Sonne. Er erscheint also auch 300 000-mal kleiner als unsere Sonne in allen Fernrohren. Und die meisten Fixsterne sind sogar noch hunderte und tausende Mal weiter weg, erscheinen also noch viel kleiner. Und trotzdem wissen wir heute ziemlich genau, woraus jeder dieser Sterne besteht. Wie ist das möglich?

Im Jahre 1814 hat der bayrische Glasingenieur Joseph Fraunhofer etwas erfunden, was diese Entfernungen sozusagen überlistet. Seine Erfindung oder Entdeckung bescherte uns phantastische Auskunft über ganz, ganz weit entfernte Sterne, wie wir sie uns nie vor dieser Zeit vorstellen konnten. Das Wundermittel heißt: Spektralanalyse. Analyse ist einfach Zerlegung, Zerlegung des Sternenlichts, und Spektrum nennt man das Farbband des Regenbogens. Spektralanalyse heißt also einfach: Zerlegung des Sternenlichts in die Farben des Regenbogens.
Joseph Fraunhofer ließ Sonnenlicht durch seine Glasprismen fallen. Das sind Glasstücke, die richtig dreieckig aussehen, so wie kleine Hausgiebeldächer. Fraunhofer hat damals das beste Glas der Welt hergestellt. Er baute auch die besten Fernrohre seiner Zeit. Im Deutschen Museum steht noch solch ein »Riesen«-Fernrohr von ihm. Damit ist der Planet Neptun entdeckt worden. Mit einem Fernrohr von Fraunhofer wurde auch 1838 die erste Entfernung eines Fixsterns gemessen – das haben wir in Kapitel 1 erzählt.

Mit solchen »Glasprismen« zerlegte Joseph Fraunhofer einen Sonnenstrahl in die Regenbogenfarben und entdeckte die schwarzen Fraunhofer-Linien, den Fingerabdruck unserer Sonne.

Schwarze Striche im Sonnenlicht

Im Glas der Prismen wird das weiße Licht der Sonne in die Regenbogenfarben zerlegt. Das kennen wir vom Regenbogen. Er wird erzeugt, weil Regentropfen so ähnlich wie viele kleine Glasprismen wirken und das weiße Sonnenlicht farbig aufspalten. Noch farbensprühender ist der Diamant. Er kann das Licht noch stärker zerlegen.

Doch Joseph Fraunhofer sah plötzlich etwas ganz Unerwartetes: Zwischen all den ineinander verwischten Regenbogenfarben von Rot über Gelb bis Violett sah er schwarze Striche, dicke und feine,

über 500 davon! So gab es z. B. im Gelben eine ganz dicke schwarze Linie, die bei genauerem Hinschauen sogar aus zwei einzelnen bestand. Er nannte sie D-Linie.
Aber was diese schwarzen Linien im Sonnenlicht wirklich waren, das wusste Joseph Fraunhofer nicht. Er fand einige wenige übrigens auch bei ein paar hellen Fixsternen – dort aber an anderen Stellen zwischen Rot, Gelb, Grün, Blau und Violett als bei der Sonne. Das machte das Geheimnis noch größer. Was war auf anderen Sternen anders als auf der Sonne? Man wusste damals noch sehr wenig darüber, was Sterne überhaupt waren. Ein Haufen glühender Kohle? Strahlende Wolken mit einer kühlen Oberfläche darunter? Manche Wissenschaftler glaubten sogar, die Flecken unserer Sonne seien Löcher in der glühenden Sonnenwolke, durch die man auf eine kühle, bewohnbare Oberfläche schauen konnte.

Was gibt es alles auf der Sonne?

Erst 50 Jahre nach Fraunhofer haben ein Physiker und ein Chemiker, die Herren Kirchhoff und Bunsen, das Geheimnis der schwarzen Striche aufgeklärt: Die Fraunhoferlinien, so heißen sie heute noch, geben an, welche der 92 Elemente, die es auf der Welt gibt, auf der Sonne vorhanden sind, also Wasserstoff, Sauerstoff, Aluminium, Eisen und so weiter. Elemente heißt Grundstoffe. Aus diesen 92 Grundstoffen sind alle anderen Dinge auf der Erde und im ganzen Kosmos zusammengesetzt, zum Beispiel Wasser aus Wasserstoff und Sauerstoff. Die schwarzen Linien im Sonnenlicht sagen auch aus, wie viel von jedem Element dort vorhanden ist und bei welcher Temperatur. Die D-Linie im Gelben zeigt an, dass es auf der Sonne Natrium gibt. Kochsalz auf der Erde besteht aus Natrium und Chlor. Wenn du etwas Kochsalz in eine Flamme schüttest, wird die Flamme gelb, weil Natrium verbrennt. Eisen gibt es auch auf der Sonne. Die meisten der 92 Elemente hat man im Spektrum der Sonne gefunden – mit dem Fingerabdruck ihrer schwarzen Fraunhoferlinien. Jedes der 92 Elemente erzeugt oft nicht nur eine Linie, sondern viele hunderte. Zehntausende von solchen Linien kennt man heute auf der Sonne. Man hat sogar ein Element – nur durch seine schwarzen Linien – gefunden, von dem man auf der Erde zunächst nichts wusste. Man nannte es Helium = Sonnenstoff, von griechisch helios = Sonne. Erst einige Jahre später hat man dieses auf der Erde seltene Gas auch bei uns entdeckt. In Sternen ist es, zusammen mit Wasserstoff, das häufigste Element.

Man konnte also die Sonne chemisch und physikalisch untersuchen, ohne zu ihr hin zu reisen. Und sobald die Beobachtungsapparate, die Spektroskope, genügend gut waren, holten sie jeden Stern ins Labor. Die Spektralanalyse ist bis heute die wichtigste Methode geblieben, um das Geheimnis ferner Sterne zu lüften. Man zerlegt ihr Licht und untersucht es – allerdings nicht mehr durch dreieckige Glasprismen, sondern durch so genannte Beugungsgitter. Das sind meist Spiegel, in die feinste Striche dicht nebeneinander eingeritzt sind, bis zu tausend auf nur einen Millimeter! Mit solchen Beugungsgittern wird das Sternenlicht viel weiter aufgespalten. Man entdeckt damit sehr feine Linien, selbst noch von ganz schwachem Sternenlicht aus den allergrößten Fernen des Kosmos. Solch ein Spektroskop wird einfach an das Fernrohr angekoppelt. Dazu kommt noch ein Fotoapparat, der alle schwarzen Linien aufnimmt, und fertig ist das Sternforscherlabor. In den letzten Jahren werden allerdings kaum noch Fotoapparate verwendet, sondern digitale Kameras. Die Linienbilder, die solche Kameras aufnehmen, werden direkt in den Computer gegeben und können um die ganze Welt geschickt und in beliebigen Labors von Astrophysikern untersucht werden.

Das Weltalllabor

Was hat man nun mit diesen Fraunhoferlinien über die Sonne herausgefunden? Etwas habe ich schon verraten: Wasserstoff und Helium gibt es am häufigsten. Allerdings, auch mit dieser Methode kann man nicht in das Innere der Sonne hineinschauen. Man sieht nur die Gase auf der Oberfläche leuchten. Aber wieso gibt es überhaupt schwarze Linien, wenn alles leuchtet?

Das Licht der heißen Gase, der so genannten Fotosphäre (griechisch photo = Licht), muss auch durch weniger heiße Schichten der Sonne gehen, die über dieser Fotosphäre liegen. Dort gibt es auch Wasserstoffatome, Natriumatome, Eisenatome usw. Diese ziehen nun aus dem weißen Sonnenlicht ganz bestimmte Farben heraus, die sie selbst zum Leuchten brauchen. Sie »verschlucken« diese bestimmten Farben einfach, zum Teil wenigstens. Dabei werden sie selbst zum Leuchten angeregt, zerstreuen dieses, ihr eigenes Licht aber in alle Himmelsrichtungen. Im Sonnenlicht, das aus der leuchtenden Sphäre weiter unten kam, fehlt nun diese Farbe, die sie verschluckt haben. An ihrer Stelle sehen wir weniger Licht, das heißt scheinbar schwarze Stellen. Verschlucken heißt auf Lateinisch absorbieren. Deshalb nennt man die Fraunhoferlinien auch: Absorptionslinien.

Vergrößert man diese schwarzen Linien immer weiter, sehen sie übrigens gar nicht mehr schön schlank und gerade aus, sondern nach links und rechts faserig, als wäre die Tinte ausgelaufen oder als hätte sie jemand mit zittriger Hand gezeichnet. Da gehen etwa Zacken aus einer Sonnenlinie nach links. Links heißt bei einer Linie, die in der Farbe Gelb liegt: Die Zacke geht ein Stück in Richtung Farbe Rot. Rechts heißt: Die Zacke geht ein Stück in Richtung Grün. In solchen Zacken wird also die schwarze Linie ein wenig zu anderen Farben verschoben.
Das ist ein berühmter Effekt. Vielleicht kennst du ihn vom Schall. Wenn nicht, pass mal auf, wenn das nächste Mal ein Polizeiauto oder Krankenwagen mit Sirene auf dich zugerast kommt. Dann geht der Ton in die Höhe, und wenn es sich von dir entfernt, wird der Ton tiefer. Das macht nicht das Auto, das ist einfach so, wenn Schallwellen auf dich zukommen oder von dir wegeilen. Genauso ist das auch bei Lichtwellen. Wenn eine gelbe Lampe mit irrsinnig hoher Weltallgeschwindigkeit von dir weggeschossen würde, würde sie rot werden. Wenn sie auf dich zugeschossen käme, würde sie grüner aussehen. Das ist wirklich so und heißt »Dopplereffekt« – nach dem Physiker Doppler, der diesen Effekt beim Schall als Erster erklärte.
Natürlich gibt es auf der Sonne keine solch irrsinnigen Geschwindigkeiten. Aber die Gase auf ihr brodeln doch sehr schnell auf und ab – das heißt ein Stück auf uns zu und wieder ein Stück in die Sonnenoberfläche zurück, das heißt von uns weg. Und das verschiebt die schwarzen Linien ein bisschen wenigstens zu anderen Farben. Nach links heißt: Die Gase an dieser Stelle brodeln auf der Sonne nach unten, von uns weg. Verschieben sich die schwarzen Linien nach rechts, heißt es: Die Gase brodeln in der Sonne nach oben, also

So fotografiert man heute eine schwarze Fraunhoferlinie der Sonne! Die Zacken nach links oder rechts geben an, ob das Sonnengas an dieser Stelle nach unten brodelt oder nach oben, auf uns zu.

auf uns zu. Wir können an jedem Zacken messen, wie stark die Sonne kocht und ob die Gase nach oben oder nach unten brodeln. Das ist schon phantastisch.

Das Atomkraftwerk Sonne

Seit etwa 60 Jahren hat man durch scharfsinnige Überlegungen herausgefunden: Die Sonne besteht auch im Inneren fast nur aus Wasserstoff (und Helium). Der Wasserstoff ist der Brennstoff der Sonne und aller Sterne. Würde die Sonne aus Kohle bestehen, wäre sie wegen ihrer Riesenstrahlung schon nach ein paar tausend Jahren verbrannt. Wasserstoff als Brennstoff hält viel länger. Und wie funktioniert das? Vier Atome Wasserstoff klumpen bei der Verbrennung zu einem Heliumatom zusammen. Das gibt, nach Einsteins Formel Energie = Masse x Lichtgeschwindigkeit x Lichtgeschwindigkeit, wahnsinnige Energien. Leider funktioniert so etwas nur bei Millionen Grad. 15 Millionen hat die Sonne im Kern. Man hat zwar auch auf der Erde schon einige Millionen Grad erreicht, im Innersten großer Forschungsmaschinen. Ein wenig heißes Gas wird dort zusammengeschnürt durch große Magnetfelder. Es darf dabei keine Berührung mit den Wänden haben, denn keine Wand dieser Welt hielte solche Temperaturen aus. Und damit hat man in der Tat auch auf der Erde Wasserstoff zu Helium verschmolzen. Aber einen »Kernfusionsreaktor« zu bauen, so, wie die Sonne einer ist, davon sind wir noch weit entfernt. Wir haben übrigens schon mit unseren Kernspaltungsreaktoren, die Uran in Teile sprengen und ebenfalls Atomenergie erzeugen, Probleme genug. Zwar gäbe es bei Kernfusionsreaktoren keinen radioaktiven Müll – es entsteht ja nur Helium –, aber die Wände eines solchen Reaktors würden auch gefährlich verstrahlt.

Die Fingerabdrücke der Sterne

Das Spektrum eines Sterns ist wie ein Fingerabdruck. Jeder Fingerabdruck sieht eigentlich dem anderen sehr ähnlich und trotzdem kann man genau unterscheiden, zu welchem Menschen er gehört. Oder besser: Ein Spektrum ist wie die Genkarte eines Menschen, die man z. B. aus einem Stückchen Haut herauslesen kann. Vielleicht hast du schon gehört, dass man damit jedem Verbrecher genau beweisen kann, ob er es war oder nicht. Man muss nur irgendeine Spur von seinem Körper am Tatort finden, z. B. Speichel, Blut, Hautabschürfungen. Auch deine Gene, deine Erbsubstanz, gibt es nur bei dir, sie sehen schon bei deinem Vater anders aus.
Genauso zeigt jedes Spektrum eines Sterns mit seinen tausenden von Linien, um welchen Stern es sich handelt. Keiner unter den hundert Milliarden Sternen unserer Milchstraße gleicht genau dem anderen. Unsere Sonne etwa hat ein ganz anderes Spektrum als der Sirius.
Als man um 1900 schon tausende von solchen Fingerabdrücken der Sterne fotografiert hatte, versuchte man sie zu ordnen. Denn manche sahen einander doch recht ähnlich. Auch die vielen Menschen auf der Erde kann man ordnen, zum Beispiel in dicke, dünne, kleine, große oder in Engländer, Franzosen, Deutsche oder in Schlaue und Dumme. Da fällt dir sicher noch mehr ein. Bei Sternen ist das viel einfacher. Da gibt es nur zwei wichtige Eigenschaften – zunächst die Temperatur: Es gibt sehr heiße, nicht so heiße, normal heiße, kühlere Sterne. Die heißesten leuchten blau-weiß, die nicht so heißen weiß-gelb, normal heiße wie unsere Sonne gelb, die kühleren strahlen rot wie glühende Öfen. Dann ist die Masse noch wichtig: Es gibt sehr große Sterne, so genannte Riesen und Überrie-

sen, dann gibt es welche von mittlerer Größe, ferner kleine wie unsere Sonne, sogar ganz kleine und schließlich ganz, ganz kleine, die Weißen Zwerge.

Wie heiß Sterne sind, hat man mit Buchstaben festgelegt: O-Sterne sind die heißesten, M-Sterne die kühlsten. Unsere Sonne ist ein G-Stern. Dazwischen gibt es andere Buchstaben. Die ganze Reihe lautet: O, B, A, F, G, K, M.

Die Amerikaner haben dazu einen Merkspruch erfunden: *O*h, *b*e *a* *f*ine *g*irl, *k*iss *m*e. Das heißt: Oh, sei ein nettes Mädchen, küsse mich. Falls du noch kein Englisch hattest oder das zu komisch findest, schlage ich dir eine andere Eselsbrücke vor: *O*ffenbar *b*enutzen *A*stronomen *f*urchtbar *g*erne *k*omische *M*erksprüche. Jetzt kannst du sofort ablesen, welcher Stern heißer ist, K oder B? Wohin wird wohl unsere rot leuchtende Beteigeuze aus dem Sternbild Orion gehören? Mehr zu O oder zu M? Richtig: Sie ist ein M-Stern. Und der weiße, (allerdings etwas bläulich leuchtende) Rigel ist wohl . . . richtig, ein B-Stern. Und der gelb leuchtende Polarstern ist . . . ein G-Stern wie unsere Sonne. Weiße Zwerge können blauweiß, weiß oder gelb leuchten, also O-, B-, A- oder F-Sterne sein.

Ein bisschen ist es ja doch wie auf der Erde. Da gibt es auch weiße, schwarze, rote und gelbe Menschen. Aber wie viele unterschiedliche Eigenschaften haben sie außerdem! Bei den Sternen gibt es, wie gesagt, nur eine weitere Eigenschaft: ihre Masse, wir können auch sagen, ihre Größe. Der Polarstern ist vielleicht 80-mal größer als die Sonne, er ist ein Riese, und Beteigeuze ist vielleicht tausendmal größer als die Sonne, ein Überriese. Leider verrät uns das Farbenspektrum mit den schwarzen Linien nicht die Größe eines Sterns. So wenig, wie wir das im Allgemeinen aus dem Fingerabdruck eines Menschen schließen können.

Es ist auch nicht wahr, dass ein besonders heller Stern sehr groß ist und ein ganz schwach leuchtender sehr klein. Das wäre zu einfach. Wenn du die Scheinwerfer eines Fußballstadions von weitem siehst, scheinen sie schwächer zu leuchten als deine Taschenlampe, die du dir vor Augen hältst, obwohl sie doch viel mickriger ist. Man muss also wissen, wie weit etwas weg ist, bevor man über seine Größe urteilt. Erst als man vor etwa 100 Jahren die Entfernungen vieler auch weiter entfernter Sterne messen konnte, wurde klar, dass Beteigeuze wirklich ein riesiger Stern ist. Sie ist eben so weit von uns entfernt, 300 Lichtjahre, dass wir das nicht sehen können. Und Sirius, der doch viel heller am Himmel leuchtet als Beteigeuze, als hellster Fixstern überhaupt, ist nur etwas größer als unsre Sonne. Er ist uns eben sehr nahe, nur neun Lichtjahre entfernt, deshalb erscheint er uns so hell. Das Wichtigste bei Sternen ist also: Man muss erstens ihr Spektrum genau kennen und zweitens ihre Entfernung wissen.
Aus den Fraunhoferlinien des Spektrums erfährt man, wie heiß die Sterne sind und welche Elemente ihre Atmosphäre enthält. Die Entfernung sagt aus, wie groß sie sind. Und aus beidem kann man ihre ganze Lebensgeschichte berechnen.

Was sind Quasare?

»Schwarze« Linien gibt es übrigens nicht nur im sichtbaren Licht, sondern auch in der Radiostrahlung oder der Röntgen- und Gammastrahlung von Sternen. Aber eigentlich darf man hier nicht mehr von Schwarz sprechen. Das sind ja keine Farben. Diese Linien heißen hier nur noch Absorptionslinien. Auch Nebel und ganze

Milchstraßen lassen sich durch die Zerlegung ihres Lichts erforschen. Bei einfachen Gasnebeln sieht man aber keine dunklen Linien, sondern umgekehrt ganz helle. Das heißt, es wird kein Licht oder sonstige Strahlung verschluckt, sondern Licht ganz bestimmter Farbe wird ausgestrahlt oder ausgesandt. Aussenden heißt auf Lateinisch emittieren, deshalb heißen solche Linien Emissionslinien. Bei diesen Linien hat man vor etwa 40 Jahren zwei sagenhafte Entdeckungen gemacht.
Man hatte Radiosterne gefunden. Man nannte sie Quasare: Quasisterne mit Radiostrahlung. Quasi heißt auf Lateinisch: gleichsam wie. Quasisterne strahlen also gleichsam, so ähnlich, wie Sterne. Vielleicht waren es gar keine richtigen Sterne?! Dann fand man aber doch, dass sie richtiges sichtbares Licht ausstrahlten. Das Farbband, also das Spektrum dieser Quasare sah aber sehr seltsam aus. Lauter helle Linien anstatt dunkler wie bei normalen Sternen, und keine der Linien kannte man. Das war unglaublich. Es gibt ja nur 92 chemische Elemente auf der Erde und im Weltall, vom leichten Wasserstoff bis zum schwersten Uran. Deren Linien waren alle bekannt. Es konnten doch nicht plötzlich unbekannte Geisterelemente auftauchen! Zwei Jahre brauchte man, um das Rätsel zu lösen: Die Linien stammten ganz einfach von Wasserstoff, aber sie lagen nicht dort im Farbenband, wo sie sein sollten. Sie waren so weit nach links, zur Farbe Rot, verschoben, dass man sie nicht als Wasserstoff erkannt hatte. So eine riesige Verschiebung von Linien hatte man bisher noch nirgends im Weltall gesehen. Verschiebung nach Rot heißt ja, der »Stern« bewegt sich von uns weg. Bei diesen Quasaren war die Verschiebung so groß, dass sie mit einer Geschwindigkeit von 45 000 km pro Sekunde (!) von uns wegrasen mussten. Das ist schon fast ein Sechstel der Lichtgeschwindigkeit.

Und das hieß auch (das erfährst du in Kapitel 6), der Quasar musste sehr, sehr weit weg von uns sein, etwa drei Milliarden Lichtjahre. Bis zu dieser Entdeckung hatte man nicht geglaubt, dass man mit Fernrohren überhaupt so weit schauen konnte.
Inzwischen hat man Quasare gefunden, die noch schneller sind, also noch weiter weg von uns im Weltall herumrasen, 13 Milliarden Lichtjahre entfernt. Warum kann man sie überhaupt sehen? Keine Ansammlung von Sternen, keine Galaxie, mag sie auch noch so groß sein, leuchtet so stark, dass sie auf diese Entfernung noch sichtbar wäre. Quasare müssen ungeheuer hell sein, so hell wie hunderte von Galaxien zusammen. Das können keine einfachen Sterne sein.
Bei relativ nahen Quasaren erkannte man schließlich, dass sie von leuchtschwachen Sternansammlungen umgeben waren. Diese Sterne – wohl der innere Teil einer Galaxie – sammelten sich zum Zentrum der Galaxie immer dichter an. Doch Sterne alleine konnten nicht so wahnsinnig hell strahlen. Nur ein großes Schwarzes Loch konnte die Ursache dafür sein. Ein Schwarzes Loch ist ja kein Loch, sondern eine zusammengestürzte Masse im Weltall, so eng zusammengepresst, dass die Schwerkraft darum herum ungeheuer groß wird. Nichts mehr kann aus diesem Schwarzen Loch entweichen, auch kein Licht mehr. Deshalb nennt man es schwarz!
Warum leuchten dann aber Quasare so wie hunderte bis tausend Galaxien zusammen? Auch in unserer Galaxis, der Milchstraße, nimmt man als Zentrum ein Schwarzes Loch an, mit einer Masse von etwa einer Million Sonnen – tausendmal kleiner als in einem Quasar. Man kann es aber nicht direkt beobachten, weil dunkle Gaswolken die Sicht darauf versperren. Diese mörderischen Schwarzen Löcher saugen Sterne drum herum begierig an – wie ein

riesiger Staubsauger. Während die Sterne immer näher an das Loch geraten, werden sie auseinander gezerrt, verschmiert sozusagen, und kreisen als große Scheibe aus Gas um das Loch, in immer enger werdenden Spiralen. Dabei reiben sich die Gasteilchen aneinander, und wie du durch Reiben der Hände im Winter Wärme erzeugst, so heizt sich hier das Sternengas auf, bis es schließlich nicht nur Wärme abstrahlt, sondern auch Licht, Radiostrahlung und sogar Röntgenstrahlung. Aber es hilft ihm alles nichts, schließlich verschwindet es auf engsten Spiralen im Schwarzen Loch, und dann ist nichts mehr von ihm zu sehen. Eine bis ein paar Sonnenmassen pro Jahr verschlingt solch ein Schwarzes Loch, dadurch strahlt der Quasar – das ist also das Schwarze Loch plus Sternengas drum herum – so wahnsinnig hell.

Die Entdeckung der Pulsare

Noch eine unglaubliche Entdeckung machte man nicht viel später. Das waren nun richtige Sterne, aber ganz neuartige, im Gegensatz zum Quasar unglaublich klein und unglaublich schnell um sich selbst kreisend: Sie heißen Pulsare oder auch Neutronensterne.
Im Juli 1967 begann die Astronomiestudentin Jocelyn Bell in Cambridge in England an einem großen Radioteleskop zu forschen. Sie wollte ihre Doktorarbeit schreiben. 2000 Antennen waren auf einer Fläche von 30 Tennisplätzen zusammengeschaltet. Sie sollten das schnelle Flimmern von Radiowellen aus dem Weltall auffangen. Der Sonnenwind aus elektrischen Teilchen kann Radiowellen flimmern lassen, so ähnlich wie die Luft das mit dem Licht der Sterne macht.

Etwa sechs bis acht Wochen nach Beginn ihrer Arbeit fand Jocelyn einen kleinen unerwarteten Ausschlag in ihrem Messgerät: Ein Schreibstift malte einen kleinen schwarzen Strich auf Papier. Sie hörte also die Radiowellen nicht, sondern ihr Messgerät »schrieb« sie auf. Der Strich sah nicht so aus wie von einem irdischen Radiosender. Eine flimmernde Himmelsquelle schien es auch nicht zu sein. Erst Monate später untersuchte sie dieses seltsame Zucken auf ihrem Papierstreifen weiter, doch nun genauer, mit einem verbesserten Messgerät.

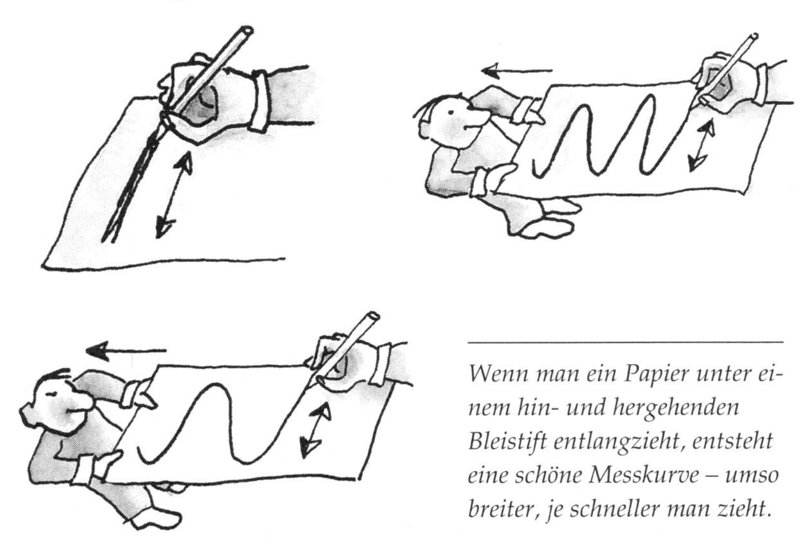

Wenn man ein Papier unter einem hin- und hergehenden Bleistift entlangzieht, entsteht eine schöne Messkurve – umso breiter, je schneller man zieht.

Mache mal folgenden Versuch, wie es hier im Bild gezeichnet ist: Zucke regelmäßig mit einem Bleistift über ein Papier hin und her, möglichst genau an einer Stelle. Du bekommst einen Strich. Versuche es noch einmal und ziehe das Papier nun langsam (am besten dein Freund oder deine Freundin tut es) quer unter deinem hin-

und hergehenden Stift weg. Du erhältst plötzlich eine enge Wellenlinie. Wenn du das Papier schneller ziehst, wird die Wellenlinie breiter. Je schneller ein solches Messgerät arbeitet, desto weiter zieht es also ein hin- und hergehendes Zucken auseinander. Und desto genauer kann man es untersuchen. Das tat Jocelyn Bell im November 1967, als sie ihr Signal am Himmel wiederfand. Und siehe da, mit dem genaueren Messgerät sah es ganz überraschend anders aus, etwa so wie in der Zackenlinie hier.

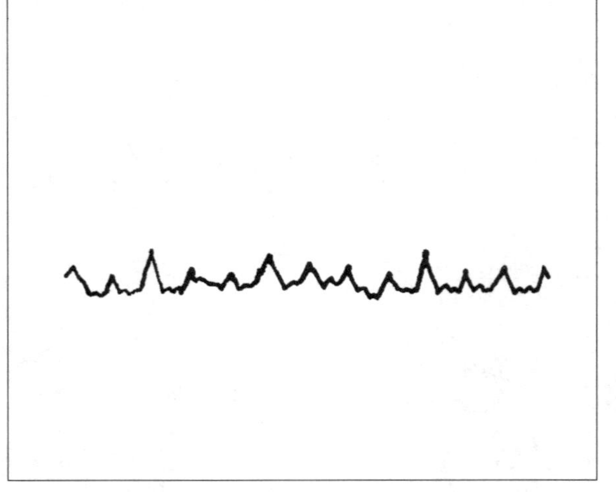

So ungefähr sah die Messkurve des ersten »Pulsars« aus, den Jocelyn Bell 1967 entdeckte.

Fällt dir etwas auf? Dass alle Zacken nur nach oben gehen, ist nicht so wichtig. Richtig, sie sind unterschiedlich groß. Das ist leider auch nicht aufregend. Was noch? Wenn du den Abstand von einem größeren Zacken zum anderen misst, wirst du feststellen: Sie sind alle gleich weit voneinander entfernt. *Das* war phantastisch und ganz unerwartet. Nach etwas mehr als einer Sekunde, ganz genau, kommt der nächste Radiozacken. So etwas kannte man im Weltall

bisher nicht. Da flackert alle Strahlung, ob Licht oder Radiowellen oder Röntgenstrahlung, nur unregelmäßig hin- und her. Menschen können so etwas natürlich, z. B. senden sie Piepstöne im Radio kurz vor der Zeitansage. Sie folgen einander in ganz exaktem Sekundenabstand: pieps (noch drei Sekunden vor 19 Uhr), pieps (noch zwei Sekunden), pieps (noch eine Sekunde) – 19 Uhr genau. Waren vielleicht die lange gesuchten kleinen grünen Männchen im Weltall, intelligente Lebewesen, endlich gefunden, die uns Radionachrichten schicken wollten? Man nannte diese und erste weitere solcher tickenden Radiosender: LGM = *l*ittle *g*reen *m*en, auf Deutsch: kleine grüne Männlein. Aber nur zunächst und eigentlich nicht im Ernst! Niemand glaubte wirklich, dass man Schlag auf Schlag ganz verschiedene bewohnte Planeten im Weltall entdeckt hatte, die alle solch stupide Nachrichten, pieps, pieps, pieps, ausstießen.
Als Jocelyn Bell und die Wissenschaftler aus Cambridge Anfang 1968 vor Astronomen darüber berichteten, waren alle ungeheuer aufgeregt. Einige glaubten, das wären Sterne, die pulsierten, sich zusammenzogen wie ein schrumpfender Luftballon und dann wieder aufblähten und dabei Radiostrahlung aussandten – Pulsare also. Andere aber fanden eine ganz neue Erklärung.

Pulsare sind explodierte Sterne

Schon Jahrzehnte vorher hatten Wissenschaftler berechnet, dass bei so genannten Supernovaexplosionen (Lateinisch nova = neu) am Himmel, das sind Explosionen von Riesensternen, ein kleiner Rest im Inneren zurückbleiben kann. Alles andere wird in das Weltall hinausgeblasen. Der Reststern aber wird immer weiter und weiter zusammengedrückt, so stark wirkt die eigene Schwerkraft

auf ihn. Alle Atome werden schließlich so weit ineinander gequetscht, dass nur noch Neutronen übrig bleiben. Das sind Teilchen des Atomkerns, die keine elektrische Ladung besitzen, also neutral sind. Ein Neutronenstern ist entstanden. So dicht ist alles gebacken, dass ein Fingerhut davon auf unserer Erde so viel wie ein 500 bis 1000 Meter hoher Berg wiegen würde. Unvorstellbar! So unvorstellbar, dass kaum jemand solche Hirngespinste geglaubt hat. Sehen konnte man ja solche Reste von Sternexplosionen, falls es sie tatsächlich gab, überhaupt nicht. Aber jetzt, 1967, hatte Jocelyn Bell sie gesehen oder vielmehr: aufgeschrieben.
Wie entstand diese Radiostrahlung der Neutronensterne? Zunächst fand man heraus, dass diese Zacken noch viel feiner hin- und herflimmerten. Daraus ließ sich schließen, dass diese Sterne kleiner als ein paar hundert Kilometer sein mussten. Die kleinsten bisher bekannten Sterne waren Weiße Zwerge, immerhin noch so groß wie unsere Erde, um die 10 000 km Durchmesser.
Noch etwas war klar: Wenn Sterne explodieren und schließlich ein kleiner Neutronenstern als Rest zusammenschrumpft, dann passiert das Gleiche wie bei einer Eistänzerin, die sich so stark zusammenducken würde, dass sie ganz, ganz klein würde: Sie würde sich immer schneller drehen – viel schneller noch als nur durch das Anziehen ihrer Arme, wie du bei jeder Fernsehübertragung sehen kannst. Die Neutronensterne sind sozusagen geschrumpfte Eistänzerinnen, von etwa 20 km Größe, die sich schnell drehen, zum Beispiel in einer Sekunde einmal. Und woher kommt ihre Strahlung? Sie haben auch ein Magnetfeld, es ist aber viel stärker als das der Erde, wo gerade mal eine Kompassnadel nach Norden ausschlägt. Durch die Schrumpfung der Pulsare ist auch ihr Magnetfeld ungeheuer angewachsen. Auf solch einem Stern könntest du kein Stück

Eisen in der Hand halten. Es würde dir sofort aus der Hand gerissen und nach Norden oder Süden gezogen.
In dem ungeheuer starken Magnetfeld eines Neutronensterns werden elektrisch geladene Teilchen, z. B. Elektronen, fast so schnell wie das Licht. Dabei senden sie Radio- und sogar Röntgen- und Gammastrahlung aus, die nur aus einer Richtung, der der Pole, kommt – so wie Polarlichter auf der Erde vor allem in der Nähe der Pole auftauchen. Und weil sich der Neutronenstern nun so schnell dreht, rasen auch der magnetische Nord- und Südpol mit herum – und mit ihnen die Röntgen- und Gammastrahlung. Wie ein Leuchtfeuer kommt diese Strahlung einmal pro Umdrehung zu uns: pieps, dann wieder nach einer Umdrehung: pieps.
Die tolle Entdeckung Jocelyn Bells war erklärt: Ihre Sterne pulsieren nicht, sondern sind drehende Leuchtfeuer aus Radiostrahlung (oder aus Röntgen- und Gammastrahlung). Pulsar ist eigentlich ein falscher Name.

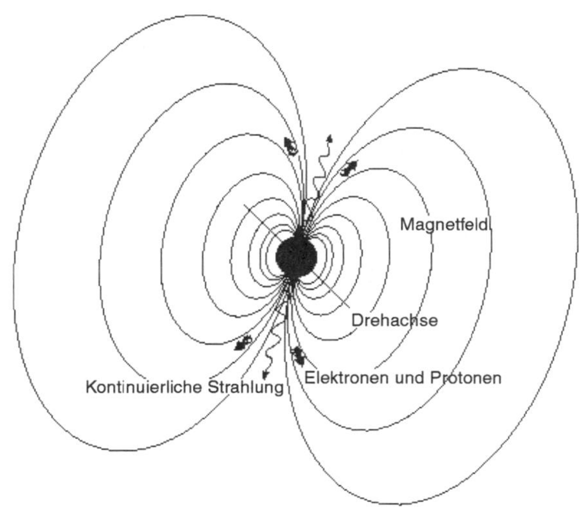

Ein »Pulsar« pulsiert nicht, sondern dreht sich ganz schnell um seine Drehachse. Die Magnetpole liegen aber an anderen Stellen. Von dort kommt Wellenstrahlung wie ein Leuchtfeuer zur Erde – einmal bei jeder Umdrehung.

Kapitel 5

Wie die Sterne leben und sterben – von Weißen Zwergen, Schwarzen Löchern und dem Anfang unserer Welt

Wie kann man eigentlich das Leben, sagen wir einer Katze, wissenschaftlich untersuchen? Im Prinzip doch ganz einfach: Man beobachtet, wie sie geboren wird, wie lange sie ein Kätzchen bleibt und vorwiegend in der Wohnung spielt, wann sie nicht mehr weiterwächst, anfängt Mäuse zu jagen und so fort, bis sie schließlich, nach etwa 12 Jahren, immer älter und bequemer wird und spätestens nach ein paar weiteren Jahren stirbt. Also müsste man so etwas bei Sternen auch machen – falls sie überhaupt irgendwie geboren werden und sterben. Vielleicht waren die verschiedenen Sterne aber auch schon von Anfang an da – als Rote Riesen wie die Beteigeuze, als Weiße Zwerge wie der klitzekleine Begleiter des Sirius, als Normalsterne wie unsere Sonne? Schon die Menschen vor dreitausend Jahren, z. B. in Babylon, haben schließlich die gleiche Beteigeuze gesehen wie wir.

Doch heute wissen wir: Niemand darf ungestraft ewig in das Weltall hineinstrahlen. Das kostet Energie und irgendwann ist sie zu Ende, selbst bei einem so großartigen Atomkraftwerk, wie ein Stern es ist. Er muss also irgendwann aufhören zu strahlen. Aber wie hört er auf? Ganz plötzlich oder schön sanft und langsam, wie ein verlöschender Ofen?

Und woher kommen überhaupt die vielen Sterne? Sind Rote Riesen und Weiße Zwerge und normale Sterne irgendwie miteinander

verwandt? Oder sind sie es nicht, so wie Katzen, Hunde und Kühe nichts miteinander zu tun haben? Oder sind sie ein wenig miteinander verwandt, so wie es bei Hauskatzen, Geparden und Löwen der Fall ist? Doch wächst keine Hauskatze zu einem Löwen heran. Wie ist das bei Sternen?
Also beobachten wir einfach einen Stern, sagen wir unsere Sonne, wie eine Katze, um herauszufinden, ob und wie sie sich entwickelt. Dann wird sich auch ergeben, ob sie mit einem Roten Riesen verwandt ist.
Leider, leider geht das nicht, weil das Leben eines Sterns so ungeheuer viel länger dauert als ein Menschenleben. Das Kraftwerk Stern besitzt so viel Wasserstoff als Brennstoff, dass es für Milliarden Jahre reicht. Solange du, als möglicher Sternforscher, lebst, passiert also gar nichts Aufregendes. Und auch die Babylonier vor 3000 Jahren sahen nichts anderes an unserer Sonne als wir. Und auch die Dinosaurier vor Millionen Jahren hätten uns nichts anderes berichten können. Gott sei Dank, übrigens, dass die Sonne so gleichmäßig strahlt, sonst hätte sich das Leben auf der Erde, von einfachen mikroskopisch kleinen Tierchen über Dinosaurier und Affen zum Menschen, nicht entwickeln können. Dazu brauchte es Milliarden Jahre lang die warme Strahlung der Sonne.
Schon die Geburt eines Sterns dauert hunderttausend Jahre. Ein Stern wie unsere Sonne lebt danach noch viel länger, etwa 10 Milliarden Jahre. Niemand kann so etwas beobachten.

Wie kannst du während deines Lebens 10 Milliarden Jahre erforschen?

Stelle dir vor, du würdest nur einen einzigen Tag leben, morgens geboren werden, so von Vormittag bis spät Nachmittag ausgewachsener Forscher sein und dann am Abend sterben, so wie eine Eintagsfliege nur einen Tag lebt. Wie würde eine solche Forscherfliege etwas über die Lebensspanne einer Katze herausbekommen? Die Geburt könnte sie natürlich miterleben – das können wir nicht einmal bei Sternen –, aber mehr nicht. An diesem einen, gerade geborenen Kätzchen würdest du als Forscherfliege überhaupt nichts mehr feststellen können, bevor du selbst stirbst.
Wenn du nun aber an diesem einen Lebenstag viele verschiedene Katzen siehst, kleine, große, verspielte, Mäuse fangende, fressende usw., könntest du dir Gedanken machen, z. B.: Ich muss essen, deshalb wachse ich; je mehr ich esse, desto dicker werde ich usw. Vielleicht ist das bei Katzen auch so, nur dauert es viel länger, sodass ich es nicht miterleben kann. Bei Sternen haben die Forscher sich zum ersten Mal vor mehr als hundert Jahren genau solche Gedanken gemacht.
Aber Sterne »fressen« doch nichts, sie sind überhaupt keine Lebewesen. Sie verbrauchen allerdings Energie. Und diese Energie wird als Licht und Wärme, Radio-, Röntgen- und Gammastrahlung in das Weltall gesandt. Und sobald man wusste, woher sie ihre Energie bekamen, konnte man ihre Entwicklung berechnen. Dann konnte man auch sagen, wie lange sie leben und was am Lebensende passiert. Das alles war noch, als dein Großvater geboren wurde, ein großes Rätsel.
Man hat ausgerechnet, wie lange unsere Sonne strahlen würde,

wenn sie ein riesiger Haufen Kohle wäre. Nur einige tausend Jahre lang! Aber vor vielen tausend Jahren gab es schon Städte auf der Welt. Und vor Millionen Jahren die Dinosaurier. Die Sonne musste also viel länger gestrahlt haben. Noch vor hundert Jahren wusste niemand eine Antwort. Erst einige Zeit später wurde es klar: Die Sterne mussten Atomkraftwerke sein. Die ersten genauen Berechnungen begannen im Jahr 1938, als man auf der Erde begann, Atomenergie zu entdecken. Sieben Jahre später hatte man die schreckliche Atombombe gebaut und auf Hiroshima und Nagasaki in Japan abgeworfen. Und einige Jahre später folgte die noch schrecklichere Wasserstoffbombe. Da wusste man endgültig, dass Sterne genauso funktionieren: Wasserstoff ist der Brennstoff, der zu Helium verbrannt wird. Das konnte man alles genau ausrechnen. Wenn du als Forscherfliege herausfinden wolltest, wie unsere Katze in ihrem Organismus die Nahrung verbrennt, müsstest du viel, viel mehr wissen, als die Physiker bei Sternen brauchen. Z. B. müsstest du wissen, wie sich Nahrung in Hautzellen verwandelt oder in Knochenzellen, wie diese sich vermehren und altern. Da gibt es bis heute noch große Rätsel.

Sterne sind keine Katzen

Sterne sind keine komplizierten Lebewesen, sondern nur einfache Atomhaufen. Deshalb kann man berechnen, ob unsere Sonne sich im Laufe ihres Milliarden Jahre langen Lebens irgendwann in einen Roten Riesen verwandelt oder vielleicht in einen Weißen Zwerg und sogar: wie sie denn eigentlich geboren wurde.
Irgendwie glaubte man von Anfang an, dass alle verschiedenen

Sternarten doch etwas miteinander zu tun haben. So wie du als Forscherfliege, wenn du klug wärest, glauben würdest, dass kleine Kätzchen sich in große Katzen verwandeln können – auch wenn du das an einem Tag nicht beobachten kannst. Aber eine weiße Katze verwandelt sich nicht in eine schwarze Katze. So einfach ist das also nicht. Und berechnen kann man schon gar nichts.
Bei Sternen konnte man den Lebensweg erst kalkulieren, als man Computer hatte, die sehr schnell und viel rechnen konnten. Das war so etwa vor 50 Jahren. Und diese Computer bewiesen nun, dass alle verschiedenen Sternarten, die wir am Himmel untersuchen können, wirklich miteinander verwandt sind.

Geburt und Leben unserer Sonne

Was konnten die Computer über unsere Sonne ausrechnen? Das interessiert uns am meisten. Sie könnte ja in ein paar Jahren explodieren oder einfach aufhören zu strahlen!
Unsere Sonne ist ein ganz normaler Stern, nicht zu groß und auch nicht zu klein. Es gibt Sterne, die haben bis zu 100-mal mehr Wasserstoff und Helium als die Sonne – Rote Überriesen. Die können dann bis zu 10 000-mal größer sein. Und es gibt andere Sterne, die haben 100-mal weniger Wasserstoff und Helium – sie heißen Rote Zwerge.
Wie entsteht nun ein solch normaler Stern wie unsere Sonne? Geboren wurde sie aus einer großen Wolke aus Staub und Gas in unserer Milchstraße. Staub besteht schon aus kleinen festen Teilchen. Gas besteht aus einzelnen Atomen oder aus zusammengelagerten Atomen, den Molekülen. Zwei Atome Wasserstoff z. B. lagern sich

gern zu einem Molekül zusammen. Das nennt man dann H_2 (gesprochen: H zwei). Das Gas in Sternentstehungswolken besteht zum größten Teil aus Wasserstoff. Das können wir in unserer Milchstraße sehr gut untersuchen.
Der Orionnebel im Sternbild Orion ist solch eine Sternentstehungswolke. Da gibt es in der Tat viel Wasserstoff. Er leuchtet rötlich, und wenn man sein zerlegtes Licht, das Spektrum also, anschaut, erkennt man die einzelnen Linien des Wasserstoffs. Es sind keine dunklen Linien, sondern helle, die Emissionslinien, denn vor allem der Wasserstoff strahlt und sendet Licht aus. Diese Sternentstehungswolken stehen natürlich nicht still, die Teilchen darin wirbeln durcheinander, so ähnlich wie Staub und Gas in der Luft bei uns durcheinander wirbeln. Dort, wo sie aus Zufall ein wenig dicker zusammengewirbelt bleiben, ist die Schwerkraft größer. Von dieser werden dann noch mehr Teilchen zu diesem Wirbel hingezogen. Der Wirbel wird also noch einmal dicker, zieht deshalb noch mehr Teilchen an und so weiter. Schließlich ist er so dick geworden, dass er schlagartig zu einem großen roten Klumpen zusammenfällt. Dabei helfen die riesigen Sternexplosionen im Weltall, die Supernovae. Wahnsinnige Schockwellen jagen von diesen Explosionen durch das nahe Weltall und pressen an manchen Stellen das Gas einer Wolke gerade dicht genug zusammen: Ein Sternbaby wird geboren, nach vielleicht hunderttausend Jahren. Der Tod eines alten Sterns hilft also bei der Geburt eines neuen. So etwas gibt es bei Menschen oder Tieren nicht. Diese Babys sind noch nicht sehr heiß – etwa 1000°C. Das ist für Sterne kühl. Sie strahlen noch nicht viel Licht ab.
Solch ein Sternenbaby schrumpft aber weiter – genau im Gegensatz zu einem Menschenbaby! Dabei erhitzt sich das Wasserstoff-

gas im Zentrum immer weiter. Nach etwa zehn Millionen Jahren ist unser Sternenkind erwachsen und von vielleicht 150 Millionen Kilometer auf 1,5 Millionen Kilometer, den Durchmesser unserer Sonne, zusammengeschrumpft. Im Inneren ist es jetzt 10 Millionen Grad heiß. Wasserstoff wird so zu Helium verbrannt. Unser junger Stern, unsere Sonne, fängt an hell zu strahlen. Er schrumpft auch nicht mehr weiter. Die Hitze im Inneren drückt so stark nach außen, dass die Schwerkraft nichts mehr weiter zusammenpressen kann.

Versuche mal einen Gummiball zusammenzudrücken. Ein Stückchen kleiner kriegst du ihn schon – es wird aber immer anstrengender. Der elastische Gummi wehrt sich gegen deine Muskelkraft. Schließlich wird der Ball nicht mehr kleiner. Denk dir deine Fingermuskeln als Schwerkraft, die einen Stern zusammendrückt, die elastische Gummikraft, die dagegenwirkt, entspricht der Hitze des Sterngases.

Hast du schon mal gesehen, wie heißer Dampf aus einem Topf mit kochendem Wasser zischt? Dann kannst du dir vorstellen, wie stark diese Wärmekraft ist. Zum Glück gibt es bei der Sonne einen wesentlichen Unterschied zum Beispiel mit dem Gummiball: Die Schwerkraft erlahmt nicht wie deine Finger. Deshalb bleibt die Sonne über Milliarden Jahre gleich groß, weil Schwerkraft und Strahlungsdruck gleich groß bleiben, so lange wie die Verbrennung von Wasserstoff zu Helium andauert. Das sind etwa zehn Milliarden Jahre. Fünf Milliarden davon sind schon vergangen. Das ist eine unvorstellbar lange Zeit.

Uns Menschen mit all unseren affenähnlichen Vorfahren gibt es etwa seit zwei Millionen Jahren. Doch vor uns gab es schon Dinosaurier, davor Fische, davor Algen und davor Bakterien. Vier Milliarden Jahre hat die gesamte Entwicklung des Lebens gedauert. Es war also sehr wesentlich, dass die Sonne lange gleichmäßig heizte und strahlte, Milliarden Jahre lang. Und noch einmal fünf Milliarden Jahre liegen vor uns. Ob es dann überhaupt noch menschenähnliche Lebewesen auf der Erde geben wird? Denn das Leben entwickelt sich ja weiter. Es sei denn, der Mensch zerstört sich selbst – durch grässliche Technik wie Atombomben oder durch schleichendes Gift wie die Veränderung unseres Klimas durch immer mehr Abgase von Autos, Heizungen und Industrie.

Der Sonnentod

Nach insgesamt zehn Milliarden Jahren wird auch unsere Sonne alt geworden sein. Dann ist ihr Wasserstoff tief im Inneren aufgebraucht und in Helium umgewandelt. Nach noch einmal zwei Milliarden Jahren ist endgültig Schluss. Der Druck im Inneren ist so gewaltig geworden, dass sie sich immer weiter aufbläht. Die Schwerkraft kann sie nicht mehr zusammenhalten. Die Sonne wird ein Riesenstern, weniger heiß zwar als bisher, nur noch 3600 – 4000° an der Oberfläche, aber so riesig, dass alles Leben auf der Erde verdorrt und alles Wasser verdampft.

Ein riesiger roter Ball wird sich dann langsam über den Horizont der Erde schieben. Merkur und Venus werden vollständig von ihm verschluckt sein, vielleicht sogar unsere Erde selbst! Dann ist die Sonne hundertmal größer als vorher. Danach schrumpft sie wieder ein wenig, der Druck im Inneren hat also nachgelassen. Nach einer weiteren Milliarde Jahre (Merkur, Venus und vielleicht die Erde gibt es schon lange nicht mehr) fängt der Kernreaktor doch wieder an zu arbeiten. Jetzt wird Helium verbrannt zu noch schwereren Atomen wie Kohlenstoff. Die Sonne fängt erneut an zu wachsen. Doch dann geht alles viel, viel schneller als vorher. In 10 Millionen Jahren wird sie wieder ein Roter Riese, schließlich vielleicht ein pulsierender Stern, der sich zusammenzieht und wieder aufbläht, ganz regelmäßig. Solche pulsierenden Sterne gibt es wirklich am Himmel zu sehen. Sie müssen aber nicht immer Sterne am Ende ihres Lebens sein.

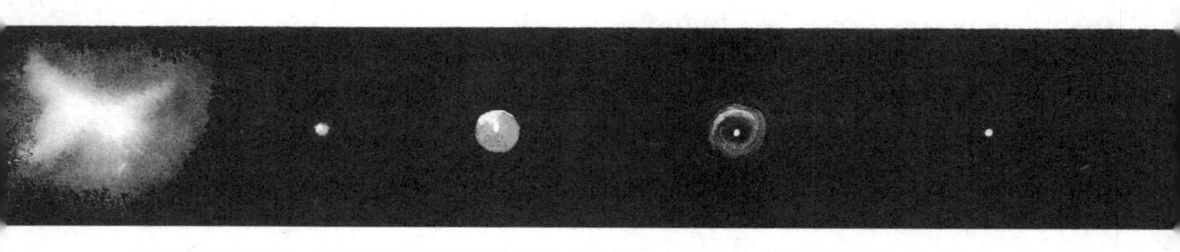

Der Lebensweg unserer Sonne: Sie entstand auch aus Gas und Staub, kann aber Milliarden Jahre leben. Wenn sie am Ende ihres Lebens eine runde Gaswolke abgestoßen hat, bleibt ein Weißer Zwerg übrig, der langsam verlöscht.

Irgendwann in diesem nur noch Millionen Jahre dauernden Stadium könnte die Sonne einen Teil ihrer Gashülle wegstoßen, nach allen Richtungen. Diese Hülle dehnt sich langsam um unsere Restsonne aus und erscheint vielleicht – von fernen Planeten der Nachbarsterne beobachtet – als wunderschöner Rauchring am Himmel. Wir sehen heute solche Ringe am Himmel (leider nur durch starke Fernrohre) und wissen: Das war einmal eine Sonne. Im Zentrum dieser Ringe entdeckt man meist einen ganz kleinen weiß strahlenden Stern, einen Weißen Zwerg. Er ist nur noch so groß wie unsere Erde. Sein Gas ist ungeheuer stark zusammengepresst und dadurch bis über 50 000° heiß geworden. Ein Fingerhut voll Weißer

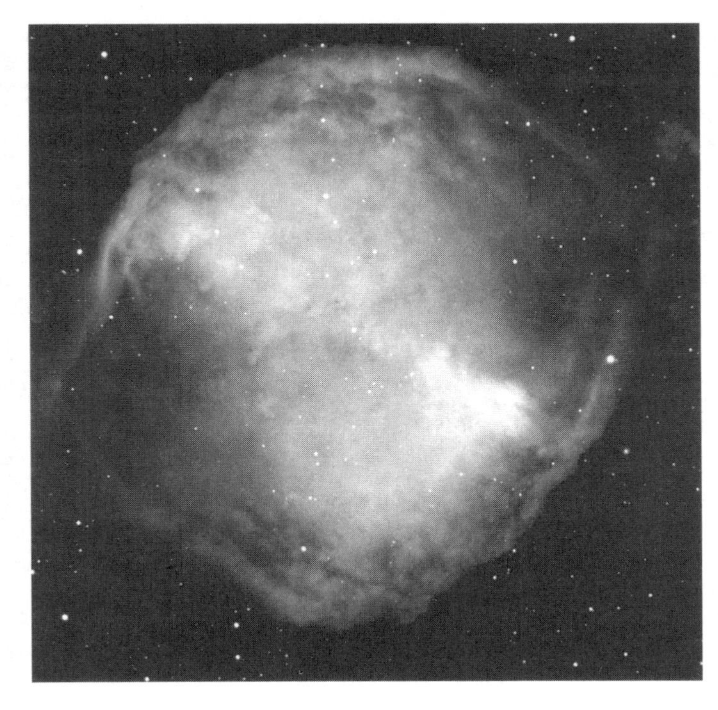

Eine ferne Sonne am Ende ihres Lebens: Das abgestoßene Gas dehnt sich um sie herum aus, als immer größere durchsichtige Wolke. Im Zentrum steht der übrig gebliebene Stern, ein Weißer Zwerg.

Zwerg würde auf der Erde so viel wie ein ganzes Auto wiegen (zwar nicht so viel wie ein Fingerhut Neutronenstern, aber immerhin)! Eine Gemeinheit, wenn dir jemand solch einen Fingerhut in deine Schultasche schmuggelte – aber er müsste schon Elefantenkräfte haben.

Ein Weißer Zwerg ist eine Art verlöschender Ofen, ohne Brennholz. In weiteren Millionen oder vielleicht Milliarden Jahren glüht er immer rötlicher, immer dunkler, bis er schließlich als ausgebrannte Schlacke am Himmel völlig unsichtbar geworden ist. Das wird auch das Ende unserer Sonne sein.

Wie viele solcher Sternleichen ziehen schon im Weltall umher? Mil-

liarden Jahre vor unserer Sonne sind ja Sterne geboren worden, haben gelebt und sind als Weiße Zwerge alt geworden. Aber wir können sie nicht mehr entdecken. Es sind dunkle unsichtbare Särge im unendlich großen Weltall.
Kleinere Sterne als unsere Sonne leben übrigens viel länger. Sie sind nicht so heiß, alles bei ihnen läuft langsamer ab. Auch im Küchenofen bäckt der Kuchen langsamer, wenn die Temperatur niedriger ist.

Riesensterne sterben als Supernovae

Bei viel größeren Sternen als unserer Sonne, sagen wir, aus zehnmal so viel Staub und Gas geboren, läuft alles sehr viel schneller ab. Die Jugend eines Riesensterns dauert nur eine Million Jahre statt zehn Millionen bei der Sonne. Er wird auch im Inneren viel heißer. Alles verbrennt viel schneller. Das dauert keine Milliarden Jahre mehr, sondern nur noch Millionen. Nach läppischen 30 Millionen Jahren ist der Stern alt und scheinbar kraftlos. Er bläht sich zu einem Roten Riesen auf und explodiert als Supernova, als grässlich

Der Lebensweg eines Riesensterns: Er wird aus einer Gas- und Staubwolke geboren und explodiert nach Millionen Jahren, als Supernova. Übrig bleibt ein Neutronenstern oder ein Schwarzes Loch.

helle Sternwolke. Alles in diesem großen heißen Stern läuft so gewaltig ab, dass kein langsamer Tod möglich ist.
Am Himmel erscheint also ein superheller neuer Stern. In einigen Wochen und Monaten verstrahlt er so viel Energie wie Milliarden Sterne zusammengenommen. Gut, dass so etwas bei unseren allernächsten Nachbarn so schnell nicht passieren kann. Es würde unser Sonnensystem vernichten. Meistens beobachten wir solche Supernovaexplosionen in fernen Galaxien, Millionen Lichtjahre mindestens von uns entfernt.
1987 gab es eine Sternexplosion immerhin in der Nähe unserer eigenen Galaxis, der Milchstraße, »nur« etwa zweihunderttausend Lichtjahre von uns weg. Das war in der Großen Magellanschen Wolke. Diese Wolke ist natürlich keine Wolke, sondern eine kleine Nachbarinsel unserer Milchstraße, mit bloßen Augen gut als großer milchiger Schleier zu sehen – aber leider nur auf der Südhalbkugel unserer Erde. Du müsstest schon nach Südafrika oder Australien oder Chile fahren.
Das war ein aufregendes Ereignis, als dort plötzlich ein riesenheller Stern am Himmel leuchtete, mit bloßen Augen großartig sichtbar. Erst nach mehreren Wochen verlöschte er langsam.
Man verglich die Himmelsstelle mit alten Fotoaufnahmen und fand heraus, was da explodiert war – ein blauer Überriese, genannt Sanduleak, –69°202. Die Zahlen geben den Ort am Himmel an. Noch heute können große Fernrohre wie unser Hubble im Weltraum die Wolke dieser Sternexplosion verfolgen, die sich immer weiter in den Weltraum hinaus ausdehnt.
Solche Explosionswolken als Reste eines Sterntodes kann man auch an anderen Stellen des Himmels sehen, schon mit kleineren astronomischen Fernrohren.

Röntgen- und Gammastrahlung von Sternexplosionen

Explosionen von großen Sternen erforschen die Astronomen besonders gerne – auch mit Röntgen- und Gammafernrohren. Denn natürlich wird bei solch einem gewaltigen Sterntod alle mögliche Strah-

So sieht heute die Supernovawolke »Krebsnebel« aus. Sie war einmal eine Riesensonne, deren Explosion chinesische Astronomen vor knapp 1000 Jahren beobachteten. Im Zentrum steht ein Pulsar (Pfeil).

lung ausgestoßen, nicht einfach nur Licht. Und da ist noch etwas, was wir schon im vorigen Kapitel begonnen haben zu erzählen: Nicht alles explodiert aus diesem Stern hinaus. Im Zentrum wird ein wenig von dem übrig gebliebenen Gas eng zusammengepresst, so eng, dass von allen Atomen nur noch Neutronen übrig bleiben. Ein Neutronenstern entsteht, der vielleicht als Pulsar sichtbar ist. Wenn nun aber dieser Neutronenstern mehr als dreimal so viel Masse hat wie unsere Sonne, presst ihn seine eigene Schwerkraft noch weiter zusammen. Dann wird er zu einem Schwarzen Loch! Schwarze Löcher haben wir schon bei den Quasaren kennen gelernt.
Mit ROSAT, dem großen Röntgenteleskop am Himmel, hat man vor ein paar Jahren viele solcher Explosionswolken untersucht. Die neuen Röntgenteleskope, die seit 1999 um unsere Erde kreisen, haben sich auch sofort auf solche Riesensternleichen gestürzt. Ihr Todeskampf wird uns bald noch klarer werden als heute. Denn selbst unsere größten Computer können solche komplizierten Explosionen noch nicht exakt genug berechnen.
Wenn dich die Bilder interessieren, die all diese Teleskope geschossen haben, suche mal im Internet unter Röntgenteleskop ROSAT oder unter CHANDRA. Das ist ein amerikanischer Röntgensatellit, der seit 1999 das All erforscht. XMM ist der neue europäische Röntgenspäher, der dem Amerikaner seit Frühjahr 2000 Konkurrenz macht.

Kämpfende Milchstraßen

Aber nicht nur Sterne werden im Weltall geboren und sterben, ganze Staaten von Sternen, also Galaxien, entwickeln sich, können sogar miteinander kämpfen und sich verändern oder zerstören – so

wie das bei von Menschen gebildeten Staaten leider immer noch vorkommt.
Unsere Milchstraße hat schon mehr als hundert Milliarden Sterne. Es gibt auch Galaxien mit Billionen Mitgliedern, aber auch kleine Sternstaaten mit nur etwa hunderttausend Sternen. Wenn man mit großen Fernrohren in den Himmel schaut, immer weiter in die Tiefen des Alls, sieht man immer mehr solcher Sternsysteme. Es gibt große Spiralen aus Sternen, wie unsere Milchstraße oder der Andromedanebel eine ist, Balkenspiralen, linsenförmige Galaxien, elliptische und solche, die ganz unregelmäßig sind – wie z. B. die zwei Begleiter der Milchstraße, die Kleine und Große Magellansche Wolke. Sie heißen übrigens so, weil sie bei den Entdeckungsfahrten des Portugiesen Magellan vor einigen hundert Jahren entlang der Küste Afrikas nach Süden zum ersten Mal genau beschrieben wurden.
Kein Stern lebt allein im Weltall. Er gehört zu irgendeiner Art Galaxie, so wie jeder Mensch zu irgendeinem Staat gehört. Aber im Gegensatz zu unseren Staaten hat jeder Stern in seiner Galaxie viel mehr Platz. Er kann einem anderen Stern praktisch nie in seinem Leben begegnen. Na, das wäre schön einsam für dich, wenn du nie jemand anderem begegnen würdest!
Wir wollen das mal vergleichen: Der nächste Fixstern Alpha Proxima Centauri ist von unserer Sonne etwa 30 Millionen Mal so weit weg, wie die Sonne »dick« ist. Bei der normalen Dicke eines Menschen von, sagen wir, 50 cm müsste also der nächste Landsmann auch 30 Millionen Mal so weit weg sein. Erst in Australien also würden wir den nächsten Menschen treffen, wenn Menschen auf der Erde so selten verteilt wären wie Sterne im Weltraum. Klar, dann gäbe es wohl nie Streit oder Krieg.

Bei den Galaxien selbst ist das aber ganz anders. Der Andromedanebel ist nur etwa zwanzigmal so weit von uns weg, wie unsere Milchstraße »dick« ist. Und auf diese Entfernung können sich Galaxien sehr wohl stören. So wie Menschen, die 20 x 50 cm = 10 m voneinander entfernt leben, ganz übel miteinander streiten können. Außerdem rasen Galaxien – mit ihren Milliarden Sternen – im Weltall herum, sehr schnell sogar, zum Beispiel mit etwa tausend Kilometer pro Sekunde! Es gilt also: Galaxien können sich öfter begegnen, zusammenstoßen und durchdringen. Davon gibt es viele

Die »Antennen-Galaxien«. Hier haben sich 2 Galaxien durchdrungen und gegenseitig lange Sternen-»Arme« wie Antennen herausgeschlagen.

Fotoaufnahmen. Das ist schon seltsam. Es kracht und blitzt nicht dabei, denn die Sterne stehen ja weit entfernt voneinander. Sie treffen sich nie. Ein Zusammenprall von Galaxien ist wie ein Kampf von Gespenstern: Es fließt kein Blut, keine Knochen werden gebrochen, die Galaxien schweben durch einander hindurch. Aber doch nicht ganz: Die riesigen Gas- und Staubwolken, die zwischen den Sternen oft den Himmel verdunkeln, aus denen ja neue Sterne geboren werden, sie stoßen schon zusammen. Sie werden bei diesem Zusammenprall auf Nimmerwiedersehen ins Weltall geschossen. Das heißt, nach solchen Gespensterkämpfen können die Galaxien keine neuen Sterne mehr gebären: Sie sind unfruchtbar geworden und sterben langsam aus.

Aber es kann noch mehr passieren. Zwar prallen die Sterne selbst nicht zusammen, aber die Bahnen aller Sterne in den zusammenstoßenden Galaxien werden gestört. Wenn sich die beiden Gespenster durchdrungen haben, laufen die Sterne anders als vorher. Es kann übrigens auch vorkommen, dass die Gespenster zusammenbleiben. Die eine Galaxie verschluckt die andere und ist danach doppelt so groß. Überlege mal, was noch so passieren könnte! Galaxien sind übrigens keine Einzelgänger. Sie sind in großen Haufen organisiert. Vielleicht so, wie Deutschland und andere europäische Staaten sich zur Europäischen Union zusammengeschlossen haben, die amerikanischen Staaten einen anderen Staatenbund bilden. Diese Haufen von Sternstaaten bilden wieder Superhaufen. Warum das so ist und wie genau über das ganze Weltall diese Sternstaaten und Galaxienhaufen verteilt sind, das wissen die Astronomen bis heute noch nicht sehr gut.

Alle Galaxien fliehen voreinander

Etwas anderes, ganz Unerwartetes über Galaxien hat man vor 80 Jahren herausgefunden. Genauer gesagt, es war der amerikanische Astronom Edwin Powell Hubble – du erinnerst dich? Ihm zu Ehren wurde das erste Weltraumteleskop »Hubble« genannt.

Die Galaxien bleiben nicht brav in gleicher Entfernung voneinander, wie das für jeden Staat auf der Erde selbstverständlich ist. Das gilt nur für die nächsten Nachbarn. Die können sich sogar begegnen. Je weiter weg sie aber voneinander sind, desto mehr fliehen sie voreinander, jede von der anderen weg – umso schneller, je weiter weg sie schon sind. Als hätte irgendwann eine riesige Explosion stattgefunden und alle Teile einer kleinen Weltallkugel wären in alle Richtungen weggeschossen. Das kann man am besten mit einem Luftballon vergleichen, der immer weiter aufgeblasen wird.

Mach mal solch ein Weltraumexperiment. Auf einen Luftballon kannst du kleine Konfettipapierstückchen an beliebigen Stellen aufkleben, das sollen die Galaxien sein. Je weiter du ihn nun aufbläst, desto weiter entfernen sich alle voneinander.

Als Hubble das also vor 80 Jahren entdeckt hatte – dazu musste er die Entfernungen und die Geschwindigkeiten ferner Milchstraßen messen, das ist auch heute noch ganz schön verzwickt –, waren die Astronomen ziemlich verwirrt. Auch viele Physiker haben darüber diskutiert, zum Beispiel Albert Einstein mit seiner allgemeinen Relativitätstheorie. Welche Fragen fallen dir dazu ein? Denke an das Luftballonexperiment! Vielleicht: Wann hat denn die Explosion des Weltalls begonnen und warum?

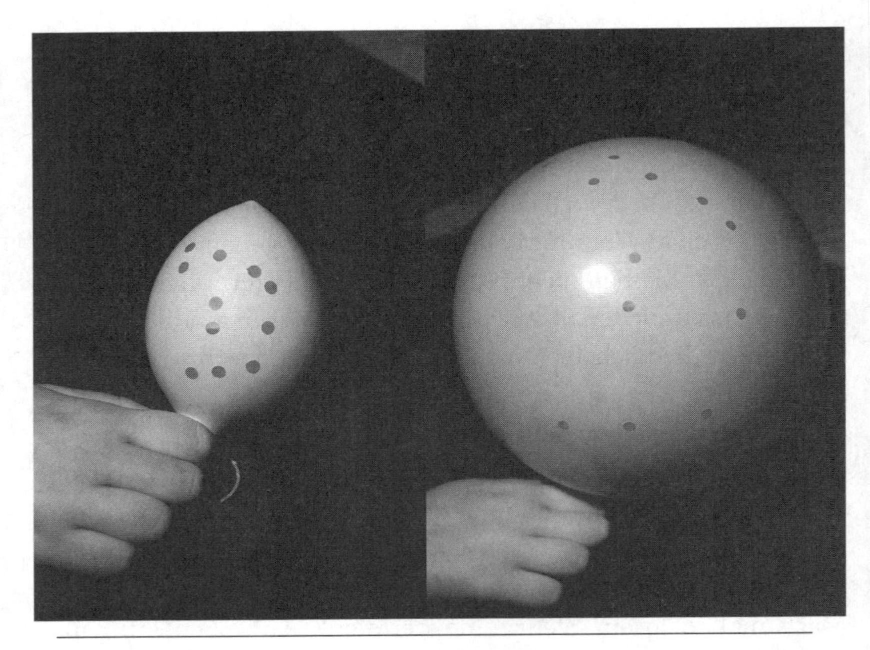

Dieses Luftballonexperiment zur Aufblähung des Weltalls ist ganz einfach nachzumachen: Die kleinen Papierscheibchen sollen Galaxien sein. Sie entfernen sich immer weiter voneinander, jede von der anderen, wenn der Luftballon aufgeblasen wird.

Der Urknall

Wir sind heute überzeugt: Da explodierte etwas vor ungefähr 15 bis 20 Milliarden Jahren, genauer weiß man es noch nicht. Es gab einen riesigen Knall, den so genannten Urknall, und unser Weltall begann zu existieren. Warum gerade dann? Auch das weiß man nicht.
Gleich nach dem Urknall gab es nur lauter kleinste Elementarteil-

chen. Immer mehr bildeten sich davon und lagerten sich zusammen, bis Atome entstehen konnten. Diese Ursuppe des Weltalls dehnte sich immer weiter aus. Nach etwa einer Milliarde Jahren entstanden die Vorläufer unserer heutigen Galaxien, die ersten Sterne leuchteten auf.
Stell dir mal vor, wir hätten Teleskope, mit denen wir 15 – 20 Milliarden Lichtjahre weit ins Weltall schauen könnten. Dann würden wir auch 15 – 20 Milliarden Jahre in die Vergangenheit blicken! Wir sähen alles, was so ziemlich nahe am Beginn unseres Weltalls passiert wäre. Das wäre toll. Den Urknall selbst könnten wir allerdings nicht sehen. Er strahlte noch nicht. Die kleinsten Elementarteilchen, die entstanden, blieben dunkel.
Und was war vor dem Urknall? Vor dem Urknall gab es keinen Raum und keine Zeit. Ein Wissenschaftler kann dir deshalb keine Antwort auf diese Frage geben. Genauso kannst du fragen, was war vor aller Zeit? Doch gibt es heute auch Theorien, die Aufschluss darüber geben wollen, woraus das Weltall überhaupt entstand.

Wird die Welt immer weiter auseinander fliegen? Das hängt davon ab, wie viele Atome und Teilchen in ihr sind. Wenn genügend Sterne, Staub und Gas überall vorhanden sind, ziehen sich alle stark genug gegenseitig an, ihre gesamte Schwerkraft reicht aus, um die Explosion der Welt immer weiter zu verlangsamen. Schließlich hört die Welt ganz auf, sich auszudehnen. Und nun beginnt der umgekehrte Prozess: Die Schwerkraft zieht alles wieder zurück, erst langsam, dann immer schneller werdend. Die Welt würde schließlich in einem großen Kollaps enden.
Leider weiß man nicht genau, wie viel solcher Materie im Kosmos

herumschwirrt. Da gibt es übrigens noch ein besonders großes Problem, die geheimnisvolle dunkle Materie. Alles, was wir mit Radioteleskopen, Lichtfernrohren, Röntgen- und Gammateleskopen sehen, strahlt. Sonst könnten wir es nicht beobachten. Wir wissen aber, etwa aus den Bewegungen unserer Milchstraße, dass es viel mehr Materie geben muss, die wir nicht sehen können. Galaxien drehen sich, weil die Schwerkraft ihrer Sterne sie herumzieht. Aber sie drehen sich viel schneller, als sie eigentlich dürften. Selbst 100 Milliarden Sterne können so stark nicht herumziehen. Es muss deshalb noch etwa neunmal so viel Materie geben, die wir nicht sehen können. Wir nennen sie dunkle Materie und wissen bis heute nicht, was das sein könnte. Es gibt da ganz phantasievolle Ideen über unbekannte Teilchen – na, es müssen auch noch einige Rätsel für unsere Forschung übrig bleiben, sonst wäre die Welt zu langweilig.

Kapitel 6

Sind wir allein im Weltall?

Nein, wir sind nicht allein, sagt jedes Sciencefictionbuch. In Filmen sehen wir ET's, also *e*xtra*t*errestrische Lebewesen, irgendwo im Weltall leben, mit Laserpistolen herumschießen, phantastische Raumschiffe bauen und blaue, grüne oder gelbe Feinde jagen. Sie sollen sogar in fliegenden Untertassen, den Ufos, ständig unsere Erde besuchen – und das schon seit grauer Vorzeit. Viele glauben wirklich, so etwas am Himmel gesehen zu haben. Aber wenn Wissenschaftler diesen Ufos auf den Leib rücken wollen, verkriechen sie sich. Jedenfalls hat noch kein ernsthafter Forscher eines gesehen. Vielleicht verstecken sie sich gerade vor ihnen!

Doch Spaß beiseite, es gibt vielleicht wirklich außerirdisches Leben. Vielleicht ist auf irgendeinem Planeten in irgendeiner Galaxie unseres Kosmos Leben wie bei uns entstanden. Wenn es aber so ähnlich entstanden ist wie auf unserer Erde, hat es vier Milliarden Jahre gedauert, bis sich aus den ersten mikroskopisch kleinen Pflanzen intelligente Lebewesen entwickelt haben. Aber erst in den letzten 50 Jahren hat der Mensch auf unserer Erde starke Radiosender und Raketen entwickelt, um den Weltraum zu »erobern«!

Vielleicht gibt es irgendwo im Weltall kleine Mikroben oder Blaualgen oder Fische oder Dinosaurier oder Elefanten oder sogar Indianer oder Ritter, aber davon werden wir nie etwas erfahren, denn sie haben keine Superraketen, um zu uns zu reisen, und keine Radiosender, um uns Nachrichten zu schicken. Und sie können unsere Radiosignale nicht hören. Superraketen haben wir leider auch nicht – bis jetzt haben es unsere Weltallsonden noch nicht einmal bis zum allernächsten Stern geschafft. Mit bemannten Raketen haben wir gerade, mit Mühe und Not und viel Geld, den Mond besucht.

Wie entstehen Planeten?

Vielleicht gibt es aber doch im Weltall irgendwo solche intelligenten Superwesen, für die wir uns halten? Wir wollen das mal ganz wissenschaftlich untersuchen und fragen zunächst: Wie entstehen überhaupt Planeten? Denn Leben kann sich nur auf Planeten entwickeln, nicht auf Sternen, die tausende von Grad heiß sind. Gibt es bei anderen Sternen Planeten? Die Antwort vorneweg: Ja. Wir haben Planeten entdeckt, seit ein paar Jahren. Die Fernrohre sind so gut geworden, dass man – nein – die Planeten noch nicht sehen kann. Selbst bei Alpha Proxima Centauri, dem uns nächsten Stern, hat man keinen Planeten *gesehen*, obwohl man einen bei ihm *gefunden* hat. Wie war das möglich?
Planeten strahlen ja nicht selbst, sondern strahlen nur etwas Licht ihrer Sonne wieder zurück, wie ein angestrahlter Stein in der Nacht das Licht einer Lampe in unsere Augen zurückschickt. Solch schwaches Planetenlicht können wir auf Lichtjahre Entfernung (noch) nicht sehen. Aber jeder Planet stört die Bewegung seiner Sonne ein bisschen, und so ist das auch bei Alpha Proxima Centauri. Ein klein bisschen schwankt diese Sonne im Weltall hin und her. Das hat man beobachtet und daraus berechnet, dass sie einen Planeten haben muss, etwa zweimal so groß wie unser Jupiter. Der

wäre also viel zu schwer für Leben wie auf unserer Erde. Falls er überhaupt eine richtig schöne feste Oberfläche hat, würde alles darauf durch die große Schwerkraft so niedergedrückt werden, dass Leben sich kaum entwickeln könnte. Man hat auch bei anderen Sternen solche unsichtbaren Begleiter entdeckt, z. B. bei dem kleinen Stern 61 im Schwan, dessen Entfernung von 11 Lichtjahren der Astronom Bessel vor 170 Jahren gemessen hat. Hier ist der entdeckte Planet achtmal so groß wie unser Jupiter. So kleine Planeten wie unsere Erde konnte man bisher nicht erkennen. Sie stören die Sonne, um die sie kreisen, nicht sehr stark. Sie schwankt dann so wenig am Himmel hin und her, dass wir es nicht mehr beobachten könnten.

Alle Astronomen glauben heute daran, dass es viele Sterne im Weltall gibt, die Planeten besitzen, auch kleinere Planeten. Wenn ein Stern geboren wird, können aus der Staub- und Gaswolke seiner Geburt immer auch Planeten mit entstehen – und warum nicht auch kleine?

Halt, das haben wir noch nicht erzählt. Wie geht das vor sich?

Die Staubwolke kreist ja immer schneller, je mehr sie sich zum Stern zusammenzieht, wieder wie eine Eistänzerin, die die Arme anzieht und dabei immer schneller wird. Unsere Sternwolke wird dabei auch flacher, weil die Fliehkraft am Bauch der Gas- und Staubkugel – wissenschaftlich heißt das Äquator – am stärksten ist und sie so zu einer Linse auseinander zieht. Auch unsere Erde ist durch die starke Fliehkraft am Äquator ein wenig auseinander gezogen, also oben und unten an den Polen abgeplattet. Allerdings macht das nur etwa 21 km aus. Wenn du zum Nordpol oder Südpol fliegst, bist du also 21 km näher am Erdmittelpunkt als am Äquator. Immerhin: Das ist mehr als der doppelte Mount Everest.

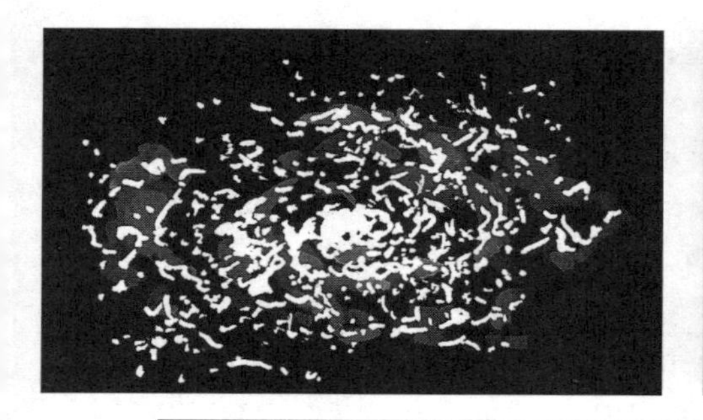
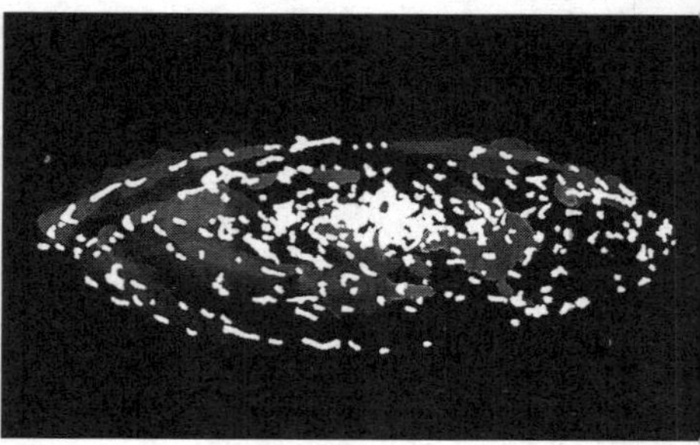

Die Entstehung unseres Planetensystems: Eine Ursuppe aus Gas und Staub wird nicht vollständig zu einem Stern zusammengepresst.

Warum ist überhaupt die Fliehkraft am Bauch oder Äquator am größten? Weil dort die Geschwindigkeit am größten ist. Bei der Erde heißt das: In 24 Stunden eine Erdumdrehung ergibt für den Äquator: 40 000 km (der Erdumfang) in 24 Stunden. Wenn du dort stehst (oder schläfst), wirst du in einem Tag und einer Nacht 40 000 km herumtransportiert, das macht . . . na, kannst du das ausrechnen, wie viele Kilometer das pro Stunde sind? . . . mehr als 1600 km/Std., schneller als ein Düsenflugzeug. Und du merkst nichts davon, weil alles, auch die Luft, sich mitdreht. Und von der Fliehkraft, die dich von der Erde ins Weltall ziehen will, merkst du auch nichts, weil die Schwerkraft noch viel, viel stärker ist. Wenn du dagegen am Nordpol stehst, drehst du dich auch einmal in 24 Stunden – aber nur mit dem Nordpol, auf dem du stehst, um dich selbst. Das ist so langsam, dass keine Fliehkraft an dir herumzerrt.

Viel deutlicher als bei der Erde sehen wir übrigens – schon in einem kleinen Fernrohr, das du dir kaufen kannst –, wie die Gasplaneten

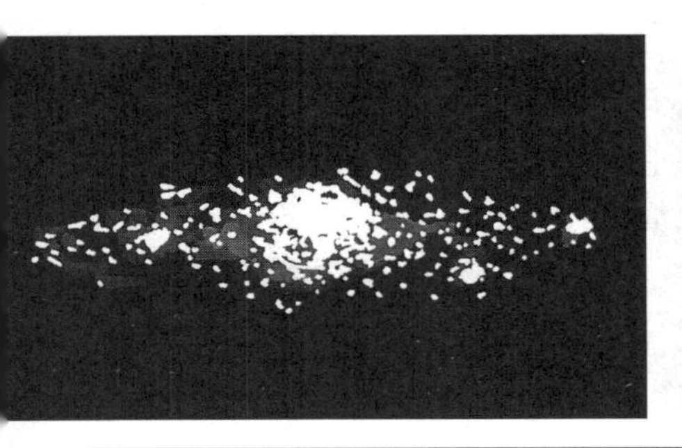
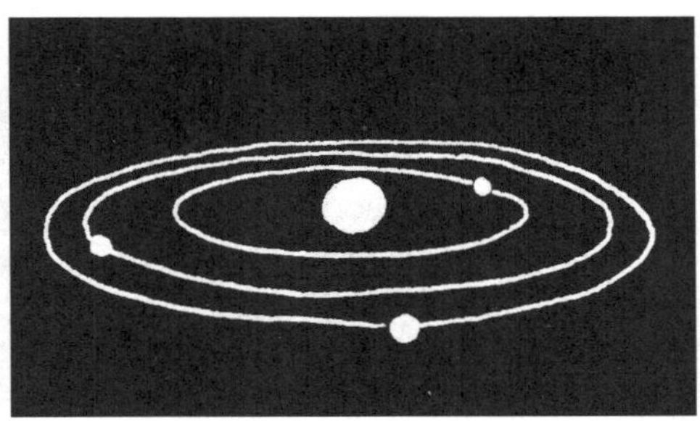

Es bleibt viel „Dreck" in einer drehenden Scheibe übrig. Daraus klumpen die Planeten auf ihren Bahnen zusammen.

Jupiter und Saturn an ihrem Äquator auseinander gezogen sind und oben und unten deutlich abgeflacht wirken. Sie drehen sich sehr schnell, und weil sie viel größer sind, ist auch die Geschwindigkeit am Äquator noch einmal größer als bei der Erde.
Unsere runde Sternenwolke wird, da sie aus kleinsten Staubteilchen und dünnem Gas besteht, zu einer ganz flachen Linse auseinander gezerrt. Dabei dreht sie sich weiter um sich selbst. Im Zentrum klumpt nun, durch die Schwerkraft zusammengezogen, der meiste Staub- und Gasvorrat zusammen. Das wird der neue Stern. In der Linsenscheibe darum herum bleibt aber genügend Gas und Staub übrig. Daraus entstehen die Planeten: Ein paar Stellen, in verschiedenen Abständen von der entstehenden Sonne, enthalten vielleicht etwas dichtere Wolkenteile. Hier sammelt sich, durch die Schwerkraft der Teilchen zusammengetrieben, noch mehr Staub und Gas, die ziehen wieder mehr an, vielleicht auch andere kleine Brocken. Planeten entstehen. Diese Planeten sind viel kleiner als ihre Sonne im Zentrum und können sich deshalb nie so stark zusam-

menziehen wie diese, sie können also auch nie, im Inneren, Millionen Grad heiß werden. Sie werden keine Sonnen.
Doch gibt es auch viele Staubwirbel im Weltall, aus denen nicht Planeten, sondern zwei Sterne entstehen, die um sich kreisen – die berühmten Doppelsterne, die wir ja in großer Zahl mit Fernrohren beobachten können.

Ist auch unser Sonnensystem aus einer Staubscheibe entstanden?

Wenn Planeten so entstehen, aus einer »Drehscheibe«, wie wir eben beschrieben haben, wie müssen sie wohl um ihre Sonne kreisen? Können die einen links herum und die anderen rechts herum laufen? Nein, denn die Gas- und Staubscheibe drehte sich nur in einer Richtung, also müssen es auch alle Planeten tun. Und können die einen Planeten von oben nach unten um die Sonne kurven und die anderen auf schrägen Bahnen und wieder andere waagerecht – so wie ein Mückenschwarm um deinen Kopf in allen Richtungen herumfliegt? Nein, denn unsere Drehscheibe war ganz flach, also müssen auch alle Planeten gleich flach um die Sonne kreisen.
In der Tat beobachten wir das an unserem eigenen Planetensystem mit Sonne, Erde und den übrigen Begleitern! Das ist schon ein guter Beweis für unsere Theorie. Leider kurvt der Pluto als Einziger sehr schräg zu den anderen durch das Weltall. Vielleicht ist er gar kein echter Planet, sondern war einmal ein Mond des Neptun und wurde von dessen großem Mond Triton in den Raum geschleudert? Die zwei haben sich einfach nicht vertragen! Doch unsere Sonne wollte Pluto nicht hergeben. Er konnte nicht ganz ins Weltall verschwinden und muss nun als einsamer Sonderling weit drau-

ßen um sie herumziehen. Seit wir ihn entdeckt haben, das war im Jahr 1930, hat er übrigens erst ein kleines Stück seiner 248 Jahre währenden Bahn um die Sonne zurückgelegt.
Kleine Quizfrage: In welchem Jahr, seit seiner Entdeckung, ist Pluto genau einmal um die Sonne herumgekommen? . . .[14]

Du bestehst auch, ein wenig, aus Explosionsstaub

Als einige Zeit nach dem Urknall die allerersten Sterne entstanden, Milliarden Jahre vor unserer Sonne, da bestanden sie nur aus Helium und Wasserstoff. Es gab noch nichts anderes im Weltall. Damals konnten auch noch keine Planeten entstehen. Die ersten Sterne wurden alt und entwickelten dabei schwere Elemente bis hin zum Eisen. Schließlich explodierten sie als Supernovae. In diesen gewaltigen Sternenexplosionen wurden noch schwerere Elemente bis zum Uran erzeugt. Alles schoss in das Weltall und sammelte sich auch in Gas- und Staubnebeln. Daraus entstanden neue Sterne, nun mit Planeten, und erst in diesen gab es auch Kohlenstoff, Eisen, Silizium und andere Stoffe. Und diese Sterne mit ihren Planeten explodierten erneut und eine weitere Generation, die dritte, begann – das sind vielleicht wir. Vielleicht sind wir auch erst die vierte Generation. Aller Kohlenstoff, Sauerstoff, das Eisen und sonst etwas Schweres in unserem Körper stammt also aus Supernovaexplosionen. Ein Stück von dir ist demnach Explosionsstaub. Schon eine unglaubliche Geschichte!

Wie viele Planetensysteme gibt es im Weltall?

Seit etwa 40 Jahren haben wir mit Infrarotteleskopen tatsächlich Staubscheiben um ferne Sterne festgestellt – z. B. um den Stern Beta Pictoris. So heißt der zweithellste Stern im Sternbild Maler. Beta ist der zweite Buchstabe des griechischen Alphabets und Maler heißt auf Lateinisch pictor. Das Sternbild sehen wir leider nur am Südhimmel der Erde. Wir müssten also wieder nach Südafrika oder Australien oder Chile fahren.
Infrarotteleskope sind Fernrohre, meist als Satelliten im Weltall, die Wärmestrahlung empfangen können. Sie können also gerade entstehende Sonnensysteme untersuchen, die noch kaum Licht abstrahlen, aber doch schon etwas wärmer geworden sind.
Seit einigen Jahren hat man die Staubscheibe um Beta Pictoris auch richtig fotografiert. Das ist faszinierend: Wir sehen von der Seite auf die Entstehung eines Planetensystems. Vielleicht werden hier in ein paar Millionen Jahren Planetenkugeln um Beta Pictoris kreisen wie heute um unsere Sonne. Und vielleicht wird es auf einer dieser Kugeln in vier Milliarden Jahren so ähnliche Lebewesen wie auf unserer Erde geben, die dann vielleicht so ähnliche Bücher wie du über die Entstehung ihrer Welt lesen. Wer weiß! Das ist leider eine solch unendlich lange Zeit. Aber immerhin glauben wir, dass es viele Sterne im Weltall gibt, um die Planeten kreisen. Solche Staubscheiben sind nicht zu selten.
Vielleicht gibt es in der Milchstraße unter den mindestens 100 Milliarden Sonnen 10 Milliarden mit Planetensystemen. Und vielleicht sind darunter 1 Milliarde erdähnliche Planeten, ähnlich groß wie unsere Erde und nicht zu nah oder zu fern von der wärmenden Sonne. Doch das ist nun schon ein ziemlicher Schuss ins Blaue.

Denn wie gesagt, solch kleine Planeten haben wir bisher im Weltall nicht entdeckt. Aber es klingt doch wahrscheinlich. Und selbst wenn es nur 100 Millionen oder 10 Millionen wären, gäbe es im ganzen Weltall ungeheuer viele davon.

Unsere Erde, ein »Onkelfall«?

Woher wissen wir überhaupt, dass sich auf erdähnlichen Planeten Leben genauso entwickelt wie auf unserer Erde? Die Amerikaner sind hier Optimisten und sagen meistens: Ja natürlich, warum nicht? Viele europäische Wissenschaftler sind vorsichtiger und antworten: Das muss man erst einmal genau überlegen!
Wir kennen nur ein einziges Beispiel im riesigen Kosmos, wo sich wirklich Leben entwickelt hat. Das ist unsere Erde. Es ist immer gefährlich von einem einzigen Beispiel auf andere zu schließen. Stell dir mal vor, du hast eine Katze und möchtest wissen, ob ein junger Hund mit der Katze in deiner Wohnung zusammenleben kann. Und du kennst nur ein einziges Beispiel, vielleicht deinen Onkel, der das schon mal versucht hat. Und er sagt Dir: Das klappt nicht, bei mir haben sich Hund und Katze nur angegiftet. Kannst du jetzt daraus schließen, also lieber nicht? Nein, denn wir wissen, es geht oft ganz gut, vor allem bei jungen Tieren. Wir kennen eben sehr viel mehr solcher Versuche und da ist es gut gegangen. Vielleicht ist unser Leben auf der Erde solch ein Onkelfall. Mehr kennen wir nicht. Geht vielleicht im fernen Weltall alles ganz anders zu? Vielleicht gibt es Leben ohne Sauerstoff und ohne Wasser auf riesigen Planeten mit großer Schwerkraft bei Eiseskälte? Wir wissen es nicht.

Wenn wir wissenschaftlich denken wollen, können wir allerdings nur von unserem einzigen Onkelfall Erde mit Luft, Meeren und Wärme auf andere Fälle im Weltall schließen. Sonst spekulieren wir und schreiben Sciencefictiongeschichten und basteln Star-Wars-Filme. In unserer Phantasie können wir natürlich viele mögliche und unmögliche, auf jeden Fall irrsinnig andere Lebewesen erfinden.
Doch spielen wir weiter »Lebensforscher«: Nehmen wir an, dass es irgendwo im Weltall Planeten gibt, die um eine ähnliche Sonne laufen, wie wir sie besitzen. Wenn die Sonne viel größer wäre, würde sie nur Millionen Jahre strahlen, viel zu kurz für die Entwicklung von Leben. Das weißt du schon! Und wenn sie zu klein wäre, würden die Planeten zu nah um sie kreisen und in ihrer Drehung stark abgebremst werden. Dann kehren sie lange Zeit nur eine Seite der Sonne zu: Diese wäre dann glühend heiß, die andere eiskalt – auch schlecht für Leben. Solche Abbremsung wäre also gefährlich. Wie gut, dass sich die Erde in 24 Stunden dreht und deshalb in der Nacht ein wenig abkühlt und am Tag ein wenig erwärmt wird. Gerade richtig, um nicht gebraten oder tiefgekühlt zu werden. Am Nord- oder Südpol dagegen, mit einem halben Jahr lang Nacht, gibt es kein Leben.
Unser Merkur steht übrigens der Sonne sehr nahe und wurde deshalb stark abgebremst. Sein Tag, wie wir gesehen haben, ist so lang, dass alles geröstet wird. Und in der gleich langen Nacht erstarrt alles zu Eis. Auch der Mond ist übrigens durch die Erde in seiner Drehung total abgebremst worden. Deshalb zeigt er uns immer die gleiche Seite.

Ist Luft wichtig für Leben?

Von erdähnlichen Planeten gibt es vielleicht noch eine Milliarde in unserer Milchstraße, haben wir gesagt. Aber wie viele davon haben auch eine Lufthülle? Wie entstehen solche Lufthüllen überhaupt? Wir wissen zu wenig davon. Die Venus, die der Sonne ja etwas näher ist als die Erde, hat eine Gashülle, in der sehr viel Kohlendioxid herumschwirrt und nur sehr wenig Sauerstoff. In unserer Lufthülle gibt es vor allem Sauerstoff und so etwa dreißig Prozent Stickstoff und ein wenig andere Gase. Sauerstoff brauchen alle Tiere und natürlich wir Menschen zum Atmen. Kohlendioxid atmen wir aus. Autos produzieren übrigens auch viel Kohlendioxid, es entsteht immer bei der Verbrennung von Benzin, Kohle, Erdöl. Pflanzen dagegen brauchen gerade Kohlendioxid zum Atmen – sie atmen Sauerstoff aus. Deshalb nennt man sie auch die »grüne Lunge«. Sie erzeugen Sauerstoff, den Tiere und Menschen gut brauchen können.
Also wäre doch die Venusatmosphäre ideal für Pflanzen: Mit so viel Kohlendioxid! Leider hat dieses Gas einen bösen Nebeneffekt. Wenn viel davon vorhanden ist, kommt die Lichtstrahlung der Sonne zwar auf die Oberfläche der Planeten hindurch, wenn sie aber auf dem Boden in Wärme verwandelt wird, kann kaum noch etwas zurück in das Weltall gestrahlt werden. Alle Energie bleibt am Boden. Das ist wie in einem Glashaus, auch Treibhaus genannt, im Garten. Das stülpt man im Frühling über junge Pflanzen. Die Strahlung der Sonne kann hinein, wird dort in Wärme verwandelt, die durch die Glaswand nicht hinauskann. Dort ist es dann immer mollig warm.
Auch die Erde hat ein wenig Kohlendioxid in der Luft, sonst würde sie alles Sonnenlicht wieder zurückstrahlen und wäre im Durch-

schnitt statt warme 10 bis 20° viel kälter, bis minus 40°! Auch auf der Erde gibt es also einen Treibhauseffekt. So weit ist er sehr nützlich für uns. Wenn wir aber mit unseren Autos und Kohle- und Ölheizungen immer mehr Kohlendioxid produzieren, wird unsere Erde langsam zu warm. Vor diesem Treibhauseffekt fürchten wir uns zu Recht.

In der »Luft« der Venus ist viel zu viel Kohlendioxid vorhanden. Die meiste Strahlung der Sonne kann deshalb nicht mehr zurück. Der Boden hat sich auf über 400° aufgeheizt! Und warum gibt es auf der Erde so wenig Kohlendioxid? Wahrscheinlich ist es durch den vielen Regen bei uns aus der Luft herausgewaschen worden. Auf der Venus war es aber zu warm, da sie zu nahe an der Sonne steht. Es regnete nicht, weil der heiße Wasserdampf in der Luft zu heiß war, um zu Regentropfen abzukühlen. So blieb auch das viele Kohlendioxid in der Venusluft, zusammen mit dicken, nie verschwindenden Wolken.

Bei Mars gab es das umgekehrte Problem. Er ist weit weg von der Sonne und viel kleiner. Der Mars hat den größten Teil seiner Atmosphäre verloren, vielleicht weil seine geringe Schwerkraft nicht ausreichte, sie festzuhalten. Die »Luft« ist so dünn wie bei uns in 50 km Höhe. Da kann niemand mehr atmen. Auch sein Wasser hat er verloren, das er wohl einmal gehabt hat – wie die vielen ausgetrockneten Flussläufe auf ihm zeigen.

Ohne Mond gibt es kein Leben

Seit einigen Jahren glaubt man, dass auch der Mond ungeheuer wichtig für die Entstehung des Lebens bei uns war. Ebbe und Flut auf der Erde überspülen ja immer einige Küstenstreifen mit neuem Wasser, lassen sie wieder frei und so fort. Das könnten besonders geeignete Brutstätten für Leben gewesen sein. Aber es gibt noch etwas viel Wesentlicheres: Der Mond ist so eine Art Wächter für unsere taumelnde Erde. Sie steht ja nicht kerzengerade auf ihrer Bahn, sondern ein Stück geneigt mit ihrer Achse. Deshalb gibt es die Jahreszeiten. Gäbe es keinen Mond, so hat man durch Computerrechnungen herausgefunden, würde es der Erdachse nicht einfallen, so schön konstant geneigt zu bleiben. Sie würde, in einigen Millionen Jahren, hin und her schwanken. Das heißt, vielleicht würde der Nordpol einige Millionen Jahre lang ziemlich stark zur Sonne geneigt bleiben. Dann würde er sich wieder aufrichten.

Male dir das mal auf und überlege, wie die Jahreszeiten auf der Erde bei ganz flach liegendem Nordpol aussähen: Es gäbe ganz eisig kalte Monate im heute heißen Afrika – und heiße Jahreszeiten im heute kühlen Nordschweden. Jedes Leben, das sich in diesen Re-

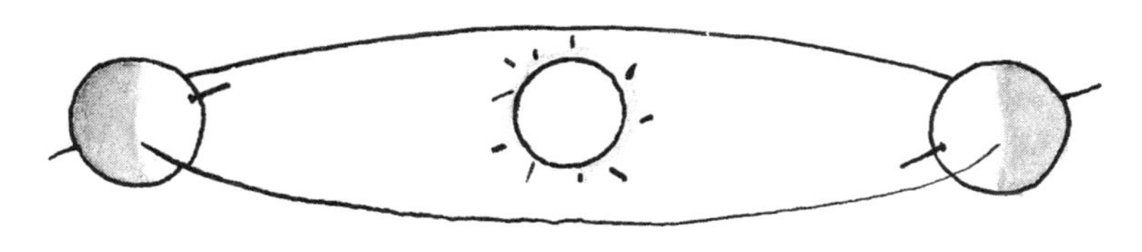

Ohne unseren stabilisierenden Mond könnte die Erde irgendwann einmal kippen. Dann gäbe es heiße Sommer am Nord- und Südpol und eisige Winter am Äquator. Das wäre schrecklich für die ganze Natur.

gionen entwickelt und an das Klima gewöhnt hätte, würde nun wieder sterben.
Der Mond hat noch etwas anderes Gutes für uns getan. Er hat die Erde abgebremst. Das kann also auch nützlich sein! Die Erde war vor Milliarden Jahren viel zu schnell. Sie drehte sich mehr als einmal in 24 Stunden. Das hat gewaltige Stürme verursacht. Alle Winde, die von Norden nach Süden oder Süden nach Norden wehen, werden von der sich drehenden Erde abgelenkt, umso stärker, je schneller sich die Erde dreht. Noch heute sehen wir solche gewaltigen Stürme in den Wolken des Jupiter, der schon in zehn Stunden einmal um seine Achse kreist. Der große rote Fleck, den du in einem kleinen Fernrohr gut sehen kannst, ist solch ein gigantischer Tornado, der immer und ewig bläst. Er ist größer als die gesamte Erde. Solche Stürme wären fürchterlich für jedes Leben.
Übrigens wird die Erde auch weiterhin immer langsamer. Das hat man gemessen. Der Tag ist in den letzten 67 000 Jahren um eine Sekunde länger geworden. Schade, meinst du vielleicht, warum so wenig – es wäre schön, wenn es ein paar Stunden länger hell bliebe. Aber ebenso lange würde es dann auch dunkel bleiben.
Also, der Mond ist wichtig dafür, dass sich unsere Erde so langsam und stabil um sich selbst dreht.

Der Mond – ein Verkehrsunfall?

Jetzt kommt das Entscheidende für unsere Frage: Gibt es Leben im Weltall? Dass wir einen solchen Mond haben, ist möglicherweise eine ganz große Seltenheit. Er ist entstanden, als ein Asteroid, so groß wie der Mars vielleicht, auf der Erde einschlug. Das war eine gewaltige Katastrophe – aber vor der Entstehung jedes Lebens auf unserer Erde. Dabei ist der Kern aus Eisen dieses Asteroiden geschmolzen, hat sich mit herausgesprengtem Gestein aus der Erde vermischt und wurde in einen Ring um die Erde geschleudert. Dieser Ring hat vielleicht so ähnlich ausgesehen wie heute der Saturnring. Er hat sich nun zu einigen Verdickungen zusammengezogen, so wie die Staubscheibe bei der Entstehung des Sonnensystems um die Sonne es tat. Die Bruchstücke haben sich aber alle getroffen, bis schließlich ein einziger Mond entstanden ist.
Warum soll das so gewesen sein? Warum ist der Mond nicht mit der Erde gleichzeitig entstanden – aus der Staubscheibe um den jungen Stern Sonne? Als kleiner Bruder sozusagen? Wenn das so wäre, dann müsste das Mondgestein genauso aussehen wie Gestein von der Erde. Doch als man die Steine untersuchte, die die amerikanischen Astronauten von ihren Mondlandungen zurückbrachten, zeigte es sich: Der Mond ist der Erde ähnlich, aber es gibt doch ganz unerklärliche Unterschiede. Der Einschlag eines Asteroiden dagegen könnte manches davon erklären, auch dass die Mondbahn zur Erde ein wenig geneigt ist. Wenn der Mond aus der Staubscheibe um unsere Sonne entstanden wäre, müsste er sich genau in der Erdbahn herumtreiben. Das wäre übrigens ganz prima. Es gäbe nie Vollmond, sondern immer genau dann . . . na, erinnerst du dich? Mondfinsternis: Die Erde würde alle 14 Tage genau zwi-

schen Sonne und Mond stehen. Und selbstverständlich gäbe es auch alle 14 Tage irgendwo auf der Welt Sonnenfinsternis. Der Mond würde alle 14 Tage die Sonne verdecken.

Unser Leben ist also nur einem riesigen und ganz unglaublichen Verkehrsunfall im Weltall zu verdanken. Wie hätten da wohl Schlagzeilen in einer Zeitung ausgesehen? »Monsterasteroid trifft Urerde«, »Die Erde bekommt einen Mond«, »Gott sei Dank, wir schwanken nicht mehr: Der Mond stabilisiert uns«, »Wie herrlich langsam dreht sich die Erde – aus für die wilden Stürme«.
Wenn das stimmt, bräuchten wir nicht nach weiterem Leben im Weltall zu suchen. Solch ein Verkehrsunfall scheint zu selten. Dann sind wir wirklich alleine – zumindest in unserer Milchstraße unter hundert Milliarden Sonnen und zehn Milliarden Planetensystemen und einer Milliarde erdähnlicher Planeten.
Aber ist das nicht auch wieder ein Onkelfall? Bei keinem anderen Planeten haben wir bisher Mondgestein mit Muttergestein aus den Planeten selbst vergleichen können. Erst wenn wir Mondsteine von anderen Planeten untersucht haben oder vielleicht sogar Monde in fernen Planetensystemen entdecken können, werden wir endgültig klüger sein.

Leben heißt Kohlenstoff

Wenn also alles stimmt, stabiler kleiner Planet, nicht zu nah, nicht zu fern von der Sonne, Gashülle drum herum, mollig warm – entwickelt sich dann immer Leben wie auf unserer Erde? Wir können nun sagen: Ja – vielleicht nicht ganz so wie auf unserer Erde, aber doch so ähnlich. Zum Leben, so wie wir es kennen, ist Kohlenstoff nötig, unbedingt. Kohlenstoff kennst du als Kohle vielleicht – schwarz und schmutzig. Wenn man sie verbrennt, entsteht das für die Atmosphäre schädliche Kohlendioxid. All diese Kohle auf unserer Erde war schon einmal Leben! Erdöl und Kohle sind riesige Reste von Wäldern aus der Urzeit des Lebens vor einigen hundert Millionen Jahren. Diese Wälder starben ab, versanken im Boden, wurden zusammengepresst, schwarz, fest oder flüssig. Damit heizen wir heute oder fahren unsere Autos.

Auch etwas anderes, ganz Wunderschönes ist Kohlenstoff: der Diamant. Auch hier wurde gepresst und erhitzt, aber unter riesigen Drücken und Temperaturen. Deshalb sind Diamanten nur an wenigen Stellen der Erde zu finden. Und auch deine Bleistiftmine ist Kohlenstoff. Hier heißt er Grafit.

Alles Leben konnte sich nur entwickeln, weil Kohlenstoff eine wunderbare Eigenschaft hat. Nur dieses Element von allen 92, die es auf der Erde und im Weltall gibt, hat diese Eigenschaft: Kohlenstoffatome verbinden sich nicht nur gerne mit anderen Elementen, z. B. mit Sauerstoff und Wasserstoff, sondern vor allem auch untereinander und das bis zu ungeheuer langen Ketten. An jedem der Atome dieser Ketten können wieder andere Stoffe einhaken. Und das passiert gerade ausreichend lebhaft bei Temperaturen so unter hundert Grad, wie wir sie auf der Erde haben.

Sogar auf Meteoriten haben wir schon recht komplizierte Kohlenstoffverbindungen nachgewiesen, z. B. das Molekül Alanin, das aus Kohlenstoff, Wasserstoff, Sauerstoff und Stickstoff gebildet ist. Drei Kohlenstoffatome haben sich hier mit sich selbst verbunden. Dieses Alanin kommt auch in Lebewesen auf der Erde vor. Vielleicht ist es also auf die Urerde mit Meteoriten »eingewandert« und hat die ersten Keime für Leben gebildet?

Das Leben hat heute viel, viel längere Ketten von Kohlenstoffatomen gebildet – an die sich wieder andere Moleküle anlegen können. Und jede von diesen Ketten kann ein bisschen anders aussehen. Das ist zum Beispiel in unseren Genen, der Erbsubstanz, besonders wichtig. Zigtausend davon hat jeder Mensch. Hier sind alle unsere Eigenschaften in den verschiedenen Anordnungen der Kohlenstoffketten mit anderen Molekülen niedergeschrieben. Und diese Eigenschaften vererben wir an unsere Kinder: Haar blond, braun, glatt, lockig; Finger kurz; welche Linien darin; Intelligenz; Temperament. So viele verschiedene größte und kleinste Abweichungen gibt es zwischen einzelnen Menschen. Für jede Abweichung müssen die Atome in solch einer Kette anders angeordnet sein.

Aber ähnlich müssen alle Ketten bei den verschiedenen Menschen auch sein. Denn die Haut ist bei allen Menschen ähnlich aufgebaut, auch alle Knochen sind es. Bei allen Lebewesen dieser Welt sind übrigens die Kohlenstoffketten sehr ähnlich aufgebaut!

Wenn Kohlenstoffatome sich nicht so oft und so vielseitig mit sich selbst verbinden würden, wäre unser kompliziertes Leben gar nicht möglich. Das ist wie mit einem Baukasten: Stell dir mal vor, du könntest nur zwei Bausteine zusammensetzen – mehr ginge nicht. Bei drei Bausteinen wäre schon alles wacklig, ab vier Baustei-

ne würde alles zusammenbrechen. Du könntest keine komplizierten Gebäude, keine Kräne oder Brücken bauen.
In einer Uratmosphäre der Erde, vielleicht aus viel Stickstoff und Methan mit wenig Sauerstoff, entstanden zunächst einfachste kleine Lebewesen. Sie bestanden nur aus einer einzigen Zelle. Das ist schon so etwas wie ein ganzer Baukasten. Der Mensch ist aus ungeheuer vielen solcher Zellen aufgebaut; es gibt Hautzellen, Blutzellen, Knochenzellen usw. Einzeller als Lebewesen kann man noch heute unter dem Mikroskop beobachten. Zwei Milliarden Jahre lang gab es vielleicht nur solche einzelligen Lebewesen. Danach erst entwickelten sich langsam kompliziertere Formen wie Algen und andere Pflanzen. Und der Sauerstoffgehalt in der Atmosphäre stieg an, denn Pflanzen atmen ja Sauerstoff aus.
Dann erst tauchten Lebewesen auf, die Sauerstoff brauchten. Es dauerte lange, aber schließlich, vor hundert Millionen Jahren, gab es schon viele kriechende, laufende und sogar fliegende Tiere, darunter auch Dinosaurier. Die sind inzwischen ausgestorben. Viele Lebewesen gab es früher, die es heute nicht mehr gibt. Viele hat die Natur auch weiterentwickelt. Zum Teil hat sie verwandte Lebewesen recht unterschiedlich weiterentwickelt. Zum Beispiel sind Affen und Menschen ähnlich, aber doch sehr verschieden. Sie stammen von gemeinsamen Vorfahren ab. Auf verschiedenen Kontinenten der Erde ist auch verschiedenes Leben entstanden.
Kennst du Tiere oder Pflanzen, die zum Beispiel nur in Australien leben? . . .[15]

Warum gibt es keine Räder in der Natur?

Könnte es im Weltall nicht noch unterschiedlicher als auf der Erde zugehen? Dass Leben zwar überall nur aus Kohlenstoff entsteht, aber doch ganz anders als auf der Erde aussieht? Vielleicht gibt es irgendwo Kängurus, die lesen und schreiben und fernsehen können? Na, das ist schon wieder reine Spekulation.
Leichter können wir über das nachdenken, was so ähnlich sein wird wie auf unserer Erde: Auch auf anderen Planeten bei anderen Sonnen gibt es natürlich Sonnenlicht, das man möglichst sehen sollte, wenn man sich auf dem Planeten bewegt und nicht gegen Steine, Bäume usw. stoßen will. Es werden also wohl Augen entwickelt werden. Dass es nur blinde Maulwürfe gibt, ist unwahrscheinlich. Andererseits: Vielleicht weißt du, dass fliegende Fledermäuse auch bei totaler Dunkelheit keinen Fels, Baum oder sonst etwas berühren: Sie stoßen spitze Schreie aus, die wir nicht hören können, Ultraschall heißt das. Und der wird von Hindernissen als Echo zurück zur Fledermaus gelenkt. Fledermäuse fliegen also mit Radar! Vielleicht ist so etwas auf fernen Planeten auch bei anderen Tieren oder sogar »Menschen« entwickelt worden.
Für Bewegung braucht man auf jeden Fall Beine oder Flügel. Warum hat die Natur eigentlich für höhere Lebewesen keine Räder erfunden – die doch bei Fahrrädern, Autos und Eisenbahnen so phantastisch nützlich sind? Weil Blut aus dem Herzen nicht in Räder weitergeleitet werden kann, um sie lebendig zu halten. Die Blutadern würden sich ja beim Drehen der Räder sofort verdrillen, würden abgewürgt werden und aus wäre es mit der Lebendigkeit. So etwas wird es also auch nicht auf anderen Planeten geben.

Intelligente Gaswolken sind Schwachsinn

In Sciencefictiongeschichten liest man zuweilen von intelligenten Gaswolken und lebendigen Sternen oder auch von intelligenten Lebewesen, die aus dem Metall Silizium aufgebaut sind wie wir aus Kohlenstoff. Dass einfache Gaswolken eine Art intelligentes Gehirn sein können, ist absoluter Schwachsinn. Intelligenz ist etwas so ungeheuer Kompliziertes, dass wir bis heute über unser Gehirn vor allem nur wissen: Es ist der weitaus komplizierteste Teil von uns, in dem sich komplizierte Nervenzellen ungeheuer vielseitig miteinander »verdrahten«. So etwas gibt es in keiner Gaswolke, in der die Atome völlig frei herumschwirren, ohne einander auch nur den Moment eines Momentes die Hand zu schütteln.

Silizium ist in der Tat noch ein Element, dessen Atome lange Ketten mit sich selbst bilden können wie Kohlenstoff – aber leider nur bei Temperaturen so um minus 200°. Das ist extrem kalt. Das Metall hält das natürlich aus. Aber weil es so kalt ist, entstehen solche Verbindungen entsetzlich langsam. Und daraus müssten ja erst einzellige Lebewesen entstehen, dann Algen und so weiter. Die ganze lange Lebenszeit des Weltalls von 15 bis 20 Milliarden Jahren würde nicht ausreichen für die Entwicklung von Siliziumleben.

Aber vielleicht gibt es bei den 92 Elementen irgendwelche möglichen Verbindungen, die unsere Chemie noch nicht kennt, die aber im Weltall vorkommen? Vielleicht gibt es irgendwo im fernen All Orchideenbäume, Elefantenziegen oder Affentiger oder Mammutritter, die ganz anders entstanden sind, als wir uns das mit unserem einzigen Onkelfall Erde träumen lassen. Doch das bleibt Spekulation. Nur wenn so etwas recht nahe bei uns geschehen ist, haben wir eine Chance, davon zu erfahren – bei irgendeinem der allernächsten Sterne.

Wie könnten wir fernes Leben entdecken?

Die einzige Verbindung, die wir, auf absehbare Zeit, zu fernen Welten haben, ist das Licht – oder die Radiostrahlung, die Röntgenstrahlung, die Gammastrahlung oder auch kleinste Teile der Atome, die mit der so genannten kosmischen Strahlung auf die Lufthülle einprasseln. All diese Strahlung, die uns Nachrichten bringt – oder mit der wir Nachrichten ins Weltall schicken –, rast höchstens mit Lichtgeschwindigkeit dahin. Schneller geht nichts im Kosmos. Das ist ein Naturgesetz. Selbst wenn wir Raketen bauen könnten, die schnell wären wie das Licht, brauchten wir schon hunderttausend Jahre, um nur unsere Milchstraße zu durchqueren. Immerhin, die nächsten Sterne könnten wir dann in ein paar Jahren erreichen.
Vielleicht können wir einmal, mit riesenstarken Fernrohren – als Satelliten im Weltall postiert – Leben auf nahen Planetensystemen entdecken! So einige zehn Lichtjahre entfernt. Oder wenigstens das, was das Leben, so wie wir es kennen, braucht, um sich zu entwickeln: z. B. blaue Ozeane und weiße Wolken wie auf unserer Erde. Eine »Elefantenziege« in zehn Lichtjahren Entfernung zu entdecken dürfte noch einmal viel schwieriger sein.

Wenn es allerdings intelligente Lebewesen auf anderen nahen Planeten gibt, die auch schon Radiowellen kennen, dann könnten wir

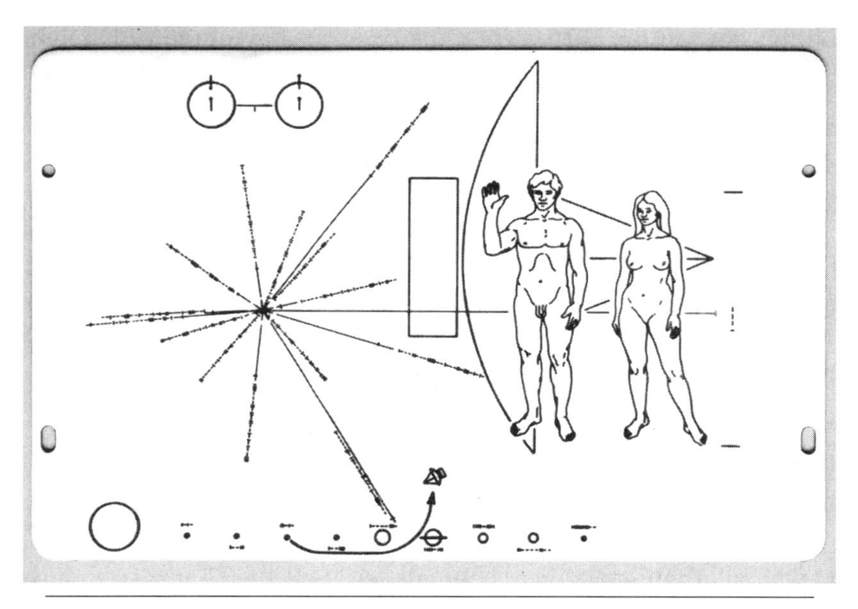

Diese Botschaft unserer Erde rast seit 1972 mit der Weltraumsonde Pioneer 10 durch das Weltall. Und doch braucht sie noch viele Tausende von Jahren, bis sie nur den allernächsten Fixstern erreicht! Kannst Du sie entziffern? Unten ist unser Sonnensystem gezeichnet – mit der Bahn der Weltraumsonde. Der Strahlenstern links gibt die Lage unserer Sonne zwischen einigen Pulsaren an.

mit ihnen Nachrichten austauschen! Seit etwa 40 Jahren sind unsere Radiosender so stark, dass außerirdische Lebewesen sie aus ihrer Weltallferne hören könnten. Wie weit sind diese Signale inzwischen ins Weltall hinausgeschossen? Das musst du jetzt, als guter Astronom, sofort beantworten können . . .[16] Wenn also irgendjemand sie in etwa 20 Lichtjahren Entfernung gehört hätte, hätte er uns schon antworten können.

Nimm mal an, um 61 Cygni gäbe es einen bewohnten Planeten, nennen wir ihn »X«. Die Xianer hätten Radiosignale der Erde, die wir um 1975 ausgeschickt haben, empfangen. Wann war das wohl? Schau mal auf Seite 15 nach: Wie weit ist 61 Cygni von uns weg? Elf Lichtjahre. Also haben die Xianer unser Signal von 1975 im Jahr . . .[17] erhalten. Wenn sie uns sofort zurückgefunkt hätten: »Haben schwache Radiostrahlung aus Richtung Sonne empfangen. Gibt es bei euch etwa intelligentes Leben?« – dann wäre die Nachricht wieder 11 Jahre später, also 1997, bei uns eingetroffen. Ist sie leider nicht!

Wir haben natürlich auch mit großen astronomischen Radioantennen auf der Erde ins All gelauscht. Vielleicht gibt es ferne Zivilisationen im Weltall, die technisch viel weiter entwickelt sind als wir und viel stärkere Radiosignale als wir senden können? Und das vielleicht erheblich länger schon als wir! Seit 1960 hat man in verschiedensten Himmelsrichtungen gesucht, aber ohne Erfolg. Selbst die empfindlichste Radioantenne der Welt, in Arecibo in Mittelamerika, mit einem Durchmesser von 300 m in eine natürliche Bergsenke eingebaut, hat nichts gefunden.

In unserer näheren Umgebung von einigen zehn Lichtjahren scheint es wohl keine anderen intelligenten Lebewesen zu geben, die unsere Technik oder sogar eine bessere besitzen. Und noch fernere Planetenbewohner müssten noch viel stärkere Radiostrahlung senden, damit ein Quäntchen davon unsere Erde erreicht.

Übrigens: Selbst wenn wir ein Signal aus tausend Lichtjahren Entfernung empfangen könnten, gibt es den Radiosender vielleicht schon gar nicht mehr, wenn wir auf der Erde die erste Schlagzeile lesen: »Botschaft aus der Milchstraße! ET's endlich entdeckt!« In tausend Jahren, die die Radiowellen zur Erde brauchen, kann hoch

entwickeltes Leben auf einem Planeten schon wieder untergegangen sein. Wie lange werden denn wir existieren? Erst hundert Jahre lang kennen wir Radiowellen. Wird es uns in 900 Jahren noch geben?
Aber sicher kommt vieles wieder ganz anders, als wir uns ausmalen können. Wer hätte auch vor hundert Jahren daran gedacht, dass unsere Sonne ein Atomreaktor ist oder dass es Schwarze Löcher, so etwas ganz Verrücktes im Weltall, gibt. Vielleicht werden andere Bewohner des Weltalls, wenn es sie gibt, auch uns für etwas ganz Verrücktes halten, wenn ihnen jemand von zweibeinigen Wesen mit dünnem Hals und dickem Kopf erzählt. Sicher werden sich solche ET's noch mehr über uns wundern, wenn sie uns irgendwie beobachten könnten, zum Beispiel dich, wie du gerade dieses Buch zuklappst.

Wann kannst du die nächsten Sonnenfinsternisse in Deutschland, Österreich und der Schweiz sehen?

Leider wird die Sonne bei keiner total verdunkelt. Die Zeiten geben so ungefähr an (auch schon in Sommerzeit), wann das größte Stück von der Sonne abgeknabbert ist. Davor und danach ist aber mitunter auch einiges vom Mond verdeckt.

31. Mai 2003	4.30 Uhr früh; Sonnenaufgang! Du darfst mit bloßen Augen hinschauen (aber nicht zu lange).	Die Sonne verschwindet bis auf eine schmale Sichel. Hoffentlich ist schönes Wetter!
3. Oktober 2005	10.15 Uhr	Eine halbe Sonne oder eine dicke Sichelsonne bleibt noch zu sehen.
29. März 2006	11.45 Uhr (falls noch keine Sommerzeit ist, 1 Stunde abziehen)	Eine halbe Sonne oder etwas mehr ist zu sehen.
1. August 2008	10.30 Uhr vormittags	Die Sonne ist nur ganz wenig angeknabbert.
4. Januar 2011	8.15 Uhr, am frühen Morgen	Die Sonne verschwindet bis auf eine schlanke Sichel.
20. März 2015	9.45 Uhr vormittags	ähnlich wie am 4. Januar 2011

Bis 2020 gibt es keine weiteren Verfinsterungen der Sonne mehr. Dann bist du sicher schon um die 30 Jahre alt.
Die schönste Art der Sonnenfinsternis, eine totale Verdunklung der Sonne, gibt es bei uns erst wieder am 3. September 2081 – das wäre was für deine Kinder und Enkel. Aber in anderen Gegenden der Welt passiert das häufiger. Ich habe es in der nächsten Tabelle zusammengestellt.

Wann kannst du die nächsten totalen Sonnenfinsternisse irgendwo in der Welt sehen?

21. Juni 2001	im südlichen Afrika und in Madagaskar	Etwa 5 Minuten lang!
4. Dezember 2002	im südlichen Afrika und in Australien	
23. November 2003	in der Antarktis	Da ist ja gerade ½ Jahr Polartag!
8. April 2005	über dem Pazifischen Ozean	Die kann man nur vom Schiff aus betrachten.
29. März 2006	in Brasilien, Mittel-/Nordafrika, in der südlichen Türkei, Russland (vom Schwarzen Meer über das Kaspische Meer bis zur Mongolei)	In der Türkei ist das nur drei Flugstunden von uns entfernt. Mache in Antalya Urlaub (falls du schulfrei bekommst oder schon Student bist).

1. August 2008	im nördlichen Kanada, in Grönland, im asiatischen Russland, in China	
22. Juli 2009	in Indien, Nepal, Bangladesch, Bhutan, China	Fast 7 Minuten lang, viel länger geht gar nicht!
11. Juli 2010	in Chile, Argentinien	Über 5 Minuten lang
13. November 2012	in Australien	
3. November 2013	in Zentralafrika, Somalia, Äthiopien	Nur sehr kurz, weniger als 2 Minuten
29. April 2014	in der Antarktis	
20. März 2015	auf Spitzbergen und den Faröer Inseln und über dem Nordpol	
9. März 2016	in Indonesien und über dem nördlichen Pazifik	
21. August 2017	in den USA	
2. Juli 2019	über dem südlichen Pazifik, in Chile, Argentinien	
14. Dezember 2020	in Chile, Argentinien	

Solche »Schwarzen« Sonnen am Himmel sind also gar nicht so selten in der Welt.

1. Quizfrage:
In welchem der aufgeführten Länder gibt es sogar zwei totale Sonnenfinsternisse innerhalb eines Zeitraums von 365 Tagen? (Die Antwort verrate ich nicht.)

2. Quizfrage:
Welche der obigen Schwarzen Sonnen ist auch in Europa zu sehen? Da musst du wissen, welche Länder zu Europa gehören.
Noch etwas Seltenes: Am 12. August 2026 und 2. August 2027 gibt es zwei Schwarze Sonnen innerhalb von 365 Tagen in Europa, und zwar in Spanien: Die erste ist in Nordspanien sichtbar, die zweite über Gibraltar.

Wann kannst du die nächsten totalen Mondfinsternisse in Deutschland, Österreich und der Schweiz sehen?

Totale Mondverfinsterungen zeigen ja den unheimlichen dunkelroten Mond. Sie können mitunter sehr lange dauern, bis zu mehr als einer Stunde.

9. Januar 2001	um 21.21 Uhr ist der Höhepunkt	
16. Mai 2003	um 5.41 Uhr –»-	
9. November 2003	um 2.19 Uhr –»-	
4. Mai 2004	um 22.31 Uhr –»-	
28. Oktober 2004	um 5.05 Uhr –»-	(Falls keine Sommerzeit mehr ist, 1 Stunde abziehen.)
4. März 2007	um 0.21 Uhr –»-	Also kurz nach Mitternacht
21. Februar 2008	um 4.26 Uhr –»-	
21. Dezember 2010	um 9.17 Uhr –»-	Also am Tageshimmel!
15. Juni 2011	um 22.13 Uhr –»-	
10. Dezember 2011	um 15.32 Uhr –»-	Auch am Tageshimmel!
28. September 2015	um 4.47 Uhr –»-	
27. Juli 2018	um 22.22 Uhr –»-	
21. Januar 2019	um 6.12 Uhr –»-	

Was ist der Unterschied zwischen Astronomie und Astrologie?

Astronomie ist die Wissenschaft von den Sternen, sie erforscht und berechnet alles möglichst genau, was sich im Kosmos abspielt. Astrologie ist die Vorhersage der Zukunft mithilfe der Sterne. Dass das funktioniert, glauben vor allem die Astrologen, überhaupt viele Menschen: Die Sterne sollen einen großen Einfluss auf unser Leben haben. Wichtig soll zum Beispiel sein, wo die Sonne zum Zeitpunkt deiner Geburt am Himmel stand. Stand sie im »Tierkreiszeichen« Zwilling, bist du ein Zwilling. 12 verschiedene Tierkreiszeichen gibt es. Die Sonne steht in der Tat im Laufe eines Jahres vor unterschiedlichen 12 Sternbildern – so ungefähr jedenfalls. Die kann man dann natürlich nicht sehen, weil die Tagsonne gerade alles hell macht. Es sind übrigens nicht nur Tiere. Vom 21.6. bis 19.7. zum Beispiel steht sie vor dem Sternbild Zwillinge. Ein astrologischer Zwilling bist du jedoch, wenn du zwischen dem 21. Mai und dem 21. Juni geboren bist. Da steht die Sonne aber vor dem Sternbild Stier. Für die Astrologen ist das Sternbild Stier so ungefähr das Tierkreiszeichen Zwillinge, das *Sternbild* Zwillinge dagegen ist ihr Tierkreiszeichen Krebs usw. Totale Verwirrung! Warum? Vor 2000 Jahren, als die Astrologie erfunden wurde, war die Erdachse noch etwas anders zum Himmel geneigt, deshalb stand die Sonne auch anders. Die Astrologen haben das so gelassen, obwohl es nicht mehr richtig ist.
Es gibt noch viele Gründe gegen die Astrologie, vor allem aber: Es stimmt meist nicht, was sie vorhersagt.

Wo kannst du noch mehr über Astronomie erfahren?

In der großen Ausstellung »Astronomie« im Deutschen Museum München gibt es über 100 Modelle, Experimente, Computer und Filmdemos, dazu viele originelle Instrumente und Apparate, zum Beispiel das Fernrohr, mit dem der Planet Neptun entdeckt, oder die Apparatur, mit der der Urknall nachgewiesen wurde. In einer Sternwarte kannst du den richtigen Himmel beobachten und in zwei Planetarien wird der Nachthimmel mit Sternbildern, Sternen und Planeten in eine große Kuppel über deinem Kopf projiziert. Auch einen Planetenspazierweg von 5 km Länge gibt es vom Museum aus.
Volkssternwarten und Planetarien findest du vielleicht auch ganz in deiner Nähe. Frage mal deinen Lehrer (am besten einen Physiklehrer, wenn du schon an einem Gymnasium bist).
In Bibliotheken und Buchhandlungen findest du viele Bücher über Astronomie.
Mit einer drehbaren Sternkarte (z. B. von Kosmos oder Orion) kannst du alle Sterne und Sternbilder am Himmel besonders leicht finden. Das Buch zur Ausstellung im Deutschen Museum, es heißt »Astronomie«, kannst du dir vom Museumsladen im Deutschen Museum für wenig Geld schicken lassen. Auf 200 Seiten erfährst du alles über die moderne Astronomie und ihre Geschichte und bekommst auch noch weitere Buchtipps. Ein sehr gutes – und preiswertes – Taschenbuchlexikon zur Astronomie ist der »dtv-Atlas zur Astronomie«. Es gibt auch viele Astronomie-CD-ROM's für deinen Computer zu kaufen. Darunter sind – nicht so teure – Programme, mit denen man sich für jeden Ort, jeden Tag und jede Stunde den richtigen Sternenhimmel auf den Bildschirm zaubern kann – mit allen Planeten, die gerade sichtbar sind. Man kann auch

das nächste Zusammentreffen von Jupiter und Saturn bestimmen usw.

Im Internet (falls du ein Modem und einen Internetanschluss zu Hause hast) gibt es viele tolle brandaktuelle Informationen, z. B. auch über Sternwarten und Planetarien in deiner Nähe. Du kannst über eine Suchmaschine, z. B. lycos.de, Stichwörter eingeben, etwa »Astronomie« oder »Sternwarten« oder genauer: »Röntgenastronomie« oder noch genauer »XMM, Röntgensatellit« oder »Sternbilder«. Dann erhältst du meist eine große Auswahl von passenden oder nicht passenden Adressen, mit denen du dich etwas herumplagen musst. Falls deine Eltern nörgeln, das kostet Geld: 2,5 Stunden Internet kosten heutzutage etwa so viel wie einmal Eintritt ins Deutsche Museum für dich – es sei denn, du bist Mitglied im Deutschen Museum. Übrigens, über die Internetadresse Deutsches Museum *www.Deutsches-Museum.de* gibt es auch weitere Informationen zur Astronomie. Sehr gute Informationen fand ich unter folgenden Adressen: *www.astroinfo.org* oder *www.Astronomie.com* oder *mitglied.tripod.de/rolueber/astro/missions.htm*. Aber das ist in einem Jahr vielleicht schon Schnee von gestern. Im Internet kommt und geht alles sehr schnell. Ein Astronomielexikon gibt es übrigens kostenlos im Internet unter *www.gwdg.de/~unolte/AVG/lexikon/lexikon.html*, mit vielen Informationen über Sterne, Weltraumfahrt und die Geschichte der Astronomie.

Auflösung der Quizfragen (Fußnoten)

[1] Planeten, Mond, Sternschnuppen, Kometen. Einige fanden sicher noch: die Sonne, aber, vielleicht glaubt ihr es nicht, die Sonne ist einfach nur ein Stern wie die ausende Lichtpünktchen am Nachthimmel – nur der Erde viel näher als die anderen Sterne. Sie ist *unser* Stern, eine riesige glühende Gaskugel, von deren Strahlung und Wärme wir leben.
[2] 52 Jahre älter als jetzt. Das sind schon Wahnsinnsentfernungen.
[3] 2 Millionen
[4] 2 Millionen
[5] rund 12 700
[6] (3)
[7] Sie hat hunderttausend Lichtjahre Durchmesser!
[8] 100 000 – 20 000 = 80 000
[9] Sonntag = Sonne, Montag = Mond
[10] Aluminium, Zink, Chrom, Vanadium, Titan
[11] 1757 bis 1760
[12] z. B. 2050 – dann sieht er ihn, wenn er 12 Jahre alt ist, und noch einmal im Alter von 87-90 Jahren
[13] 11
[14] 1930 + 248 = 2178
[15] z. B. Kängurus
[16] 40 Lichtjahre
[17] 1986